相 信 閱 讀

Believing in Reading

打造六心級的幸福

典華的原創轉型策略

王梅　著

目錄

換雙眼睛看典華，
依然如此美好

典華幸福機構學習長　林齊國

　　典華這個品牌問世即將滿十年，但它不是憑空冒出來的，而是一直醞釀、累積才有的想法，因此，每次要說明典華的發展歷史，都必須從三十四年前說起……

　　一九八〇年，一通父親舊識的來電請託，讓我從此踏入「餐飲業」，老實說，那時我對餐飲真的是一竅不通，卻因為這麼一個幫忙看帳的託付，再也沒離開過。過去這三十四年來，從「餐飲業」、到「服務業」，再到「幸福產業」，向來不太華麗張揚地說典華做了些什麼，只是一直默默觀察，當我們站在消費者的角度看事情，就能發現，典華能為消費者做的還有太多太多，所以，我們一次又一次地推翻自己，大膽改變業者眼中的「理所當然」，同時，還挑戰更多大家從沒想過、完全是「自找麻煩」的做法。

　　如果用政治語言來說的話，那我們就是在革命的年代，帶頭起義的那一群人，但是，我們沒有在大街上揮舞旗幟，高呼革命的口號，我們仍然不多話，只是在下定決心後，和典華這群同事們默默地展開行動，做我們覺得對的事，朝我

們覺得對的方向前進。正是這樣默默而穩定的步伐，我們在大家不看好的眼光中，走過這三十多年，到今天，可以很有自信地說，典華「一直被拷貝，但從未被超越」。

人生有很多的際遇都是美麗的意外。起初，只是因為父親香港友人誤打誤撞在台灣投資餐廳，必須有人幫忙照管，我才到了安樂園（現在的台北豪園飯店）。回憶起那個年代，安樂園真可以用龍門客棧來形容，不僅餐廳內部分門派，客人也都是各路好漢，林齊國這個沒有錢、沒有背景、沒有專業的外行人，別說要做出什麼成績，能不能夠待下去，都是個大問題。

沒有任何預設立場來到安樂園，面對難以想像的混亂局面，勸我放棄的聲音沒有停止過，但我心想，既然答應父親朋友的請託，怎麼可以輕易放棄，辜負人家的信任；既然不打算放棄，就告訴自己要付出更多時間和心力，因此即便擔任的是副總職務，一樣什麼都做，從抓魚、端盤子、學開菜單，甚至颱風天睡在餐廳當警衛……等，這些看起來不是什麼大不了，卻往往是許多人放不下身段做的事，靠著這些點點滴滴的累積，也才可以很快進入狀況，而在安樂園存活下來。

　　看見我這樣的投入，股東們也就更加信任，幾乎放手讓我經營。很多人以為，我就算不是老闆，也一定是股東，才有這麼大的決策權，同事也才會聽我的；其實不然，起初幾年我根本沒有股份，但是卻為自己日後的事業奠定基礎。十年過去，直到昔日安樂園同事打算創業，邀請我一同投資和經營，這才真正開始屬於自己的餐飲事業。

　　一九九二年，台北陶園飯店開幕，主打道地的香港風味，慢慢吸引喜愛美食的消費者上門；反觀大環境，仍然充斥著飲酒文化，對於菜餚口味反倒不太在意，對於這樣的文化，我們實在是不太認同。

　　既然無法要求其他人改變，我們選擇「改變從自己做起」！儘管我們只有一家店，影響力或許還不太大，但我們從沒改變自己的堅持，慢慢地，大聲吆喝的客人少了，要我們敬酒的客人少了，明顯感受到餐飲風氣和文化的改變；走美食和氣質路線的我們，建立起很好的口碑，一位蘆洲的地主因此主動來接觸，邀請我們到蘆洲發展。

　　和台北陶園飯店的經驗如出一轍，團隊再次面臨文化上的衝突，在一片懷疑聲中，我們仍舊堅持做對的事；當時，為了希望提供的軟硬體更上一層樓，我們與地主合作，專門

興建了一棟為我們量身訂做的三層樓建築；一九九六年，台北珍寶飯店（後來的蘆洲典華）開幕，不僅提供優質的餐飲，更打造了專業的宴會廳，舞台、燈光、音響、影像設備一應俱全，為當地的宴會產業帶來巨大的正面影響，因此，台北珍寶飯店獲得「蘆洲小君悅」的美名，蘆洲市公所甚至頒發感謝狀，謝謝我們提升在地的餐飲文化，台北珍寶飯店也成為三重、蘆洲一代餐飲業的指標。

一九九七年台北僑園飯店、二〇〇〇年台中僑園飯店，緊接著陸續開幕，無論到哪個縣市、哪個地區，我們經營的初衷始終沒有改變，同樣希望帶給消費者值得一嘗再嘗的美食、優質的用餐氣氛和專業的宴會服務。

二〇〇四年，我們進軍台北市信義計畫區，「典華」這個品牌就是在這一年誕生！

前面說了這麼一大段歷史，是因為典華的現在都和這些過去息息相關，必須得花點時間講清楚、說明白，只是作者王梅一再提醒，本書的主軸是典華，為了怕模糊焦點，所以在書裡並未多加著墨，因此才在這裡略向讀者說明。

採訪過程中，作者王梅常被我們錯綜複雜的年代、品牌、營業項目弄得一個頭兩個大，每個品牌各自獨立，卻又

互有關聯，多虧她耐心和不厭其煩地詢問、確認，然後在大家的說法和歷史資料中交叉比對，就像警察辦案一樣，拿著超級放大鏡一一檢視每段故事，一點蛛絲馬跡也不放過，才可以從我個人進入餐飲業的一九八〇年開始，整個事業體近三十四年的發展歷史中，找出專屬典華的發展脈絡。

在典華這個品牌問世前，我們的事業體早有很多突破傳統餐飲或服務的思維和做法，而「典華」可以說是累積多年能量後淬煉出來的菁華；光是「典華」這個名稱，就花了我們超過半年的時間來討論，甚至在企業內部舉行提案比賽，最後，我提案的「典華」獲得大家一致同意，成為新品牌的名稱。

當時，被提出的名稱有數十個，「典華」之所以能夠獲得大家的喜愛，不是因為我提案，而是對「典華」這個名字的詮釋，「從自己做典範、讓社會更昇華」、「把典禮做到最菁華」。總覺得，幫品牌命名就是在訂企業的八字，我們雖然不太看流年風水，但是我相信，品牌名稱就像是八字一樣，如果訂了一個有意義的名字，就像是有了一組好八字，未來的發展也不會差到哪裡去。

當我們知道天下文化要幫典華出書時，家人和同仁的第

一個反應都是：「哇！天下吧。」

　　我常常和同仁開玩笑說，大家也太老實了，很多生意人都是做七分說十分，典華同仁卻不喜歡把話說太滿，所以總是做十分說七分，優點是，總能帶給客戶超乎想像的表現，缺點則是無法讓客戶在第一時間完全了解典華的優勢所在。

　　這樣「老實」的性格，在採訪過程中表露無遺；好多次，許多受訪同事因為太過謙虛，總覺得自己做的事沒什麼了不起，讓王梅必須要從大家的日常工作和生活中慢慢聊，再從大家的話語中，抽絲剝繭找出典華各個部門運作的關鍵。後來看到王梅的文章後，又開始擔心：這樣寫會不會太驕傲、會不會太自我……等等，而王梅只問：「那這些是事實嗎？如果是，為什麼不能寫？」

　　當然也有些時候，我們真想把握這難得的機會，多說一些典華的好，這時，王梅也會提醒，這本書不是在寫企業手冊，而是要透過作者的文字，和讀者分享她所看見的真實的典華！採訪期間，王梅幾乎每隔兩天就要來典華一次，每一趟，都指定採訪不同部門的同仁，有時還規定不可以找高階主管，要聽聽基層同仁的聲音。王梅為了要了解每個部門的實際運作，不顧廚房正在打仗般的出菜，跑進廚房感受我們

9

所說高熱又吵雜的環境，並且現場觀察廚師們的工作狀況；還有一天，王梅要求跟在服務長旁邊，看看服務長是如何發揮婆婆媽媽的精神，本來，服務長還擔心自己沒什麼好叮嚀，沒想到，一抵達宴會廳，服務長的雷達就自動打開，許多細節都逃不出她的雙眼，那趟走下來將近四個小時才休息。

　　而我，倒有點被冷落的感覺，王梅約我進行第一次採訪時就說：「學習長，這是大家的典華，不是學習長一個人的典華，您同意嗎？」這點我絕對認同，接著王梅又說：「所以，我將會從員工和典華消費者的觀點，加上我自己的感受來和讀者分享典華。」聽到這裡，也覺得王梅說得很有道理，我本來就不希望典華變成一言堂，只是後來看到同仁接受王梅訪談，每一次都聊好久，就覺得王梅真偏心，我這位經營者還真是不重要。

　　說偏心是玩笑話，其實王梅說得對，經營者所想所說，有時只是呼口號，不見得能夠延伸到基層，但是若能從同仁的言行及消費者的體驗中，得到相同的感受，那就代表企業所要傳達的理念，已經真正落實。

　　從一般餐飲，到全國唯一的「一站式婚禮服務」，我們

走了好多年才走到現在的規模，藉由作者王梅的第一手觀察，以及天下文化編輯群的整理，讓我從另一個角度，看到大家眼中的典華。如果您不認得典華，希望您可以透過此書，了解在幸福產業努力付出的典華；如果您已經認識典華，期待您可以透過作者的文字，看見一個不同的典華。

幸福產業的推手

以人為本的
六心級服務

林齊國琢磨出六顆鑽石般的六大理念，
不僅推動了婚宴產業的創新，
也為顧客提供了六心級的服務。

　　星期三早上九點，一般公司剛上班的時間，這一天照例是典華每個月固定的內部教育課程，由行政總主廚黃世宏（寶哥）替各部門同仁「說菜」──解說宴會菜單的內容，六、七十位工作同仁已齊聚在三樓的宴會廳裡上課。

　　「為什麼喜宴上的第一盤菜都是冷盤？」寶哥秀出一張PowerPoint，同時丟出問題考考大家的反應。

　　一群人七嘴八舌，結果竟然沒有一個人答對。

　　「因為要在喜宴一開席就有東西吃，」寶哥笑著解釋，一道菜從廚房送到客人的餐桌上，也許不到五分鐘，但客人坐著枯等，感覺卻像十五分鐘那麼長，「一定要讓客人開始吃東西，他們才不會感到無聊而不耐煩，」他一語道破。

　　菜餚的安排，當中自有學問，寶哥繼續傳授廚房的出菜招數：越高貴的食材，要放在越前面出場，讓客人先看到好東西；味道較重的菜，要放在後面才端出；如果客人點了兩

種肉類，一定要分成兩次出菜，才不會讓客人覺得吃得油膩
膩……

　　典華學習長林齊國坐在宴會廳的後方，聽著寶哥的解
說，不時點頭微笑贊同。

不做井底之蛙

　　「典華」是台灣目前最大的婚宴集團。十年前，董事長
林齊國獨創一格把頭銜改為學習長，典華從此沒有董事長、
總經理，只有學習長、服務長，想強調的就是團隊合作的橫
向功能，而不是組織階級的上下之分。

　　典華帶動了很多令業界耳目一新的做法。譬如，主廚們
除了在廚房裡工作，林齊國又多給了他們一項任務，那就是
每當有客人訂席，主廚有責任站在第一線解釋菜色的做法與
食材。

　　這是站在顧客的角度考量，因為即使業務人員說得口沫
橫飛，還不如主廚直接出馬回答顧客的提問，這樣最具有說
服力；而且，身為優秀的廚師除了會做料理，也應該把觸角
伸出去，了解客人的想法與最新的市場潮流。

　　「這樣才不會變成井底之蛙，」林齊國解釋他的用意。

林齊國（左二）致力創造客戶、同仁、企業主三贏的「共好」文化。

協助新人的幸福產業

婚宴到底是個什麼行業?

有人回答,「不過就是餐廳嘛!」

以前對,現在不對,最新的概念叫作「整合服務業」。

近幾年,結婚產業又多了一個新名稱,叫作「幸福產業」。因為結婚象徵人生邁入一個新的里程,展開下一個階段的憧憬和夢想,協助新人打理結婚的各種事務,就是幫助他們通往幸福之門。

典華是台灣第一個專門做婚宴的品牌,強調「一站式」的服務,提供喜宴、婚紗、喜餅、婚禮顧問等一系列項目,新人只要走進典華,關於結婚的大小事,典華統統一手包辦。

在林齊國的人生規劃中,從來沒想過這輩子會做餐飲,更沒想到後來會轉型做婚宴。現在他平均一年替近五千對新人張羅婚禮,做為幸福產業的推手,婚宴已經是他的「不歸路」。

很多人從小就立定志向,但林齊國笑稱,自己是一路瞎打誤撞才走到今天,當初並沒有什麼偉大的想法。

不過,了解林齊國的生平就會發現,其實,他會走上婚

宴這條路，早有蛛絲馬跡可尋。

攝影帶來的感動

林齊國出生於香港，在寮國長大，小時候成績不好，念的是後段班，小學還留級兩次。十九歲那年，他來台灣念高雄工專印刷科，其中一門必修科目是攝影。修這門課經常得背著相機四處拍照，還得泡在暗房裡沖洗照片，但是每當底片逐漸顯影，鏡頭底下人物的一顰一笑、喜怒哀樂，那些生動的表情總是特別吸引他。

從高雄工專畢業回到寮國，他在一家印刷廠擔任廠長。親友們知道他會拍照，於是每當有結婚喜慶都喜歡請他幫忙，這個小夥子總是爽快地答應。他熱愛攝影，也很享受在歡樂的場合中按下快門，獵取瞬間的鏡頭。

他自小個性內向、害羞、敏感，因為不擅言詞，反而養成他敏銳的觀察力。他喜歡透過照相機後面的小方格，從每一個人開懷的笑容中，看到各式各樣的幸福面貌，不論是婚禮、彌月、家庭聚會……。按下快門的每一剎那，他彷彿見證了許多人生命中極重要的時刻，即使他只是旁觀者，也能深刻感受到那些人的喜悅和感動。

林齊國回想那段日子，攝影教會他兩件事：

一、幸福美好是可以被創造的。在歡樂的氣氛下，人人都能感受到生命中美好的一刻。

二、只要用心，就可以捕捉到幸福的剎那。所有的幸福，都必須用「心」經營、用「心」感受。

因緣際會投身餐飲業

但好景不長，才不過約三年光景，寮國發生戰亂，全國被共軍赤化，父母親帶著他和弟妹，以難民的身分落腳台灣，一家六口擠在不過十幾坪大的小房子裡，晚上就睡在榻榻米上。兩年後父親去世，林齊國是長子，一肩挑起養家的責任，雖然人生地不熟，也沒有特殊背景，仗著年輕就是本錢，好像沒什麼好怕的；但事實上，他也已經沒有退路了。

他在印刷廠工作、幫親友辦理出入境事務，後來做磁鐵貿易，靠著一張桌子和一支電話，賺了一些錢。當時，有位父執輩的朋友在台灣投資餐廳，因為人在香港，於是請他到台北的餐廳幫忙看帳，林齊國就這樣因緣際會一頭栽入餐飲這一行，再也沒有離開。

很多年後林齊國才透露，一開始他並不是怎麼喜歡餐飲

業，但為了生活，也沒有太多選擇，一家人的日子總是要過下去。不過，他並不抱怨，反而心存感恩，用樂觀的角度看事情，覺得能有一份工作就已經很知足。

深入研究更好的方法

在股東和同事眼中，林齊國處事穩重，態度和氣，EQ非常好，而且工作勤奮。他有一個很大的長處，那就是學習力很強，做事很容易就上手，甚至會深入研究找出更好的方法和訣竅。

舉例來說，他常在餐廳內觀察服務人員點菜，發現如果有兩桌客人同時進來，點兩道菜的客人往往很快就能嘗到美味，但點十道菜的客人就要等比較久才能吃到第一道菜，因為後者光是點菜時間就比較長，客人常常會因不耐久候而發牢騷。於是他要求服務員，當客人點了兩道菜之後，就先讓其他同事把菜單送進廚房，服務員則繼續點菜。這樣無論點幾道菜，客人都享有同樣的上菜速度，也就減少了顧客的抱怨。

林齊國經營餐廳常有獨創的想法。許多餐廳喜歡把和名人、政要的合照貼在牆上，認為這樣可以拉抬知名度，增加

幸福產業
也是感性產業
必須把「人」的需求
放在第一考量

生意上門的機會。他就覺得很納悶，餐廳服務的顧客應該是一般大眾，而不是少數的小眾，那些常常上門的客人才是主要關鍵，名人、政要又不會天天來；而且，他們根本不會記得你是張三還是李四。經營餐廳應該把平常的客人服務好，將料理做得道地，口碑自然就建立起來。

因此，到這種掛滿名人照片和簽名的餐廳用餐時，他有時會小小捉弄地問對方：「我也可以拍照放在你們的牆上嗎？」服務人員總是當場愣住，不知如何回應。

闖出自己的藍海

二〇〇〇年前後，台灣的產業大量外移，景氣滑落，很多餐廳生意受影響而關門熄燈。那時候，企業強調藍海策略，一窩蜂跑到大陸投資設廠，尋找藍海。結果，沒過幾年競爭越來越激烈，台商在大陸陷入紅海。留在台灣發展的企業，反而闖出另一片藍海。

典華的轉型，就是最好的例子之一。林齊國察覺喜宴

這一塊一直沒有專業的人來做，一般喝喜酒時，餐廳只管出菜，也沒人在意新郎、新娘穿什麼衣服，司儀也是隨便找個人擔任，客人則是你辦你的婚禮、我吃我的喜酒，完全沒有互動。

別人看到的是結婚人數下降，林齊國看到的是對婚禮的精緻要求。他逆向思考，為自己創造了藍海。他投資婚宴的出發點不是為了賺錢，而是認為自己可以做得更好。事實上，他很多的決策考量都是感性大於理性，憑直覺。

國外婚禮的觸動

每次有出國考察的機會，林齊國總是特別喜歡去觀摩別人的婚禮。有一年，他在法國波爾多鄉下參加當地的一場傳統婚禮，那場婚禮從下午兩點開始迎親，然後是教堂儀式、晚宴、結婚舞會，一直到隔天清晨六點才結束。婚禮過程高潮迭起，至今他仍清楚記得新人送禮物給父母的那一幕，彼此之間真情流露，雙方都流下感動的眼淚，連他這個語言不通的外國人，都深深被觸動。

他參加過很多國外的婚禮，包括日本的、香港的、韓國的、泰國的、印度的、法國的、美國的、澳洲的、加拿大

客人需要的不過是多一點關心
只要多做一些
客人就會覺得很滿意

的……，每次都讓他震撼無比，尤其看到雙方親友的真情告白，都會激起他改變台灣婚宴型態的念頭，而且一次比一次強烈。

但光是感動不夠，還要付諸行動。

二○○四年，他開始快速拓點，把旗下的餐廳紛紛轉型，以婚宴專業的面貌重新投入市場。台灣的結婚率已下降到近五年每年平均十三萬對步入禮堂，他卻砸下畢生的全部心血，租地建造了大直「典華旗艦」館。他的理由是：「大者恆大，小的可能會被淘汰，因此一定要做得更專業。」

林齊國常說，他喜歡婚宴這一行，因為這是造福人的行業，喜宴辦得成功，往往就是一段幸福婚姻的開始。一直到現在，他還是很喜歡看別人的婚禮，看到感動的場景，還會躲在旁邊偷偷擦眼淚。

服務的真正精髓

幸福產業，也是感性產業，必須把「人」的需求放在第

一考量，進而灌注更多人性化的經營管理。

　　有一年，林齊國和幾位工作夥伴去杜拜考察，帶著朝聖的心情住進慕名已久最高級的杜拜帆船飯店。帆船飯店一晚要價至少六萬台幣起跳，金碧輝煌的裝潢和頂級的設備確實讓他們大開眼界，但是卻意外發生了一段小插曲，帶給他一些警惕和啟示。

　　服務長葉秀琴住的房間內，洗手間門下有一個尖突物，把她的腳刮傷了，當場血流不止。他們立刻請飯店的醫務人員來處理，但飯店的樓層主管態度強勢，堅持是服務長自己的錯，聲稱飯店開幕以來從未發生過這種事。

　　但從未發生並不表示不會發生，林齊國等人經過一番據理力爭，要求對方正式道歉，否則就要取消訂房，飯店經理才終於出面致歉。

　　但因為這件事，他們對杜拜帆船飯店的形象打了很大的折扣。縱使標榜再高檔的硬體，如果沒有同等級的服務，不管是六星級還是七星級，服務沒有到位，都只是虛有其表，其實是不及格的。

　　要讓上門的客人感覺自己像是被當成親人般真心對待，才是六星級真正的精髓。

對客人多一點關心

當然，從事第一線的服務工作，難免會有突發狀況。比如說，服務人員上菜時手沒拿穩，或者客人出奇不意突然轉身、抬手，結果不小心把湯汁濺出，潑灑在客人的衣物上。

這時，典華自有一套緊急處理措施。服務人員會先拿乾淨的衣物讓客人替換，然後立刻把污染的衣物送去清洗，隔天再將衣物當面送還，並且不忘帶上伴手禮表達歉意。這些出自真心誠意的舉動，不但讓客人事後沒有責怪，反而覺得典華的服務很貼心。「客人需要的不過是多一點關心，只要多做一些或者超過他們的預期，客人就會覺得很滿意，」宴會服務部主任陳嘉峰指出。

從大學時代開始，陳嘉峰經常利用課餘時間在典華打工，一路從工讀生、領班做到主任，非常了解第一線工作人員需要有相當的 EQ 才能與客人應對。所以，在典華每層樓宴會廳後場的牆壁上，都貼著一張單子：「如果你遇到問題不會處理或回答，趕緊去找穿西裝的（主管）。」這是考慮到服務人員大多年紀很輕，平均不過是二十歲左右的工讀生，比較沒有相關經驗，因此再三叮嚀他們遇到狀況要立刻通報，以免因處理方式不夠圓融而造成不當的後果。

典華沒有董事長、總經理
只有學習長、服務長
強調的是團隊合作的橫向功能
而不是組織階級的上下之分

只有同仁，沒有員工

　　只要接觸過典華的人就會發現，他們有一個共同的特質：對人都很有禮貌，看到人一定會點頭微笑，對所有人的稱呼都是「您」。稱呼一起工作的夥伴也不講「員工」，而一律說「同事、同仁」，因為員工有階級之分，同事則是大家在一起做事，同仁是一視同仁之意。這是林齊國很堅持的部分。

　　由於認為禮貌是服務業最基本的要求，林齊國自己幾乎永遠都是西裝筆挺，面帶微笑，舉止得體。如果有同仁講錯話，譬如說成「你」，或是態度不夠禮貌，他會委婉地當場糾正，「他不兇，從不會罵人，我從來沒有看過他動怒，但他就像蚊子一樣，會緊盯著我們的每一步，」跟林齊國共事十年的特別助理詹惠琳貼切地形容。

　　服務長葉秀琴曾去參加「卡內基訓練」學溝通技巧，她後來發現，課堂上教導的觀念，她早已聽過無數遍，原來最重要的老師林齊國一直就在身邊。他比別人更嚴格、更懂做

人處事的道理，葉秀琴常告訴同仁，「只要識貨，就能從學習長身上挖到很多寶藏。」

「兩枚戒指」加「六顆鑽石」

這幾年，典華努力創造一種「共好」的企業價值，就是客戶、同仁、企業主「三贏」，共創一個幸福品牌，讓它的影響力更深入、更普及化。

從典華大樓裡不時可見的 logo 上，就可以看出這份深意。

在發想典華的 logo 時，他們最後決定用「兩個圓圈」代表「兩枚戒指」，「六個方格」代表「六顆鑽石」，也正巧是典華的六大理念：熱誠、客觀、用心、學習、謙和、感恩。大家越看越喜歡。

一位南非華裔的品牌創意總監就曾跟林齊國分享一句話，「logo 要去經營，不光是美觀而已。」這位總監舉例，就像 Nike 的一個勾勾，非常簡單，以前有誰想到這個勾勾可以風行全世界？而一旦它變成世界品牌，勾勾就有了生命。

典華 logo 所表達的經營理念，正是林齊國始終堅持的價值。他要用這六個鑽石方塊，為顧客打造六心級的服務。

曹昌恆、柯珮芬提供

以僕人心態加強服務

林齊國心心念念的，就是從顧客的角度出發，持續加強典華的服務。他曾在公司推動成立「僕人學校」，提醒大家要像僕人一樣，除了滿足顧客的需求，同時也要關心同事的需要。

二○○三年典華辦了一次峇里島旅遊，所有參加的同事共讀《僕人 ── 修道院的領導啟示錄》這本書，他們花了四個早上在飯店舉行讀書會，彼此分享讀後心得，連廚師也把筆記本寫得滿滿的，顯然很有體悟。峇里島之行果然帶給大家諸多迴響，回國後同事上起班來感覺更加精神抖擻。

經營服務業就像便利超商，幾乎二十四小時不打烊。林齊國常會在假日打電話找合作廠商，一方面是事情必須盡快處理，一方面他也想測試對方在假日是否提供服務，如果對方沒接電話，下次見面他就會「虧」說，「您好像在假日很難找？」

他的理由是，大型婚宴百分之九十以上都是在假日舉行，如果場地、燈光、音效臨時出了差錯，誰來維修？該怎麼辦？這些細節都會影響客人權益，不能不事前考慮周詳。

林齊國身上有一種奇特的能量，彷彿是與生俱來的特

質，因此這一路走來，似乎從來沒有喊過苦叫過累。而且他還好學不倦，是個學以致用的行動派，雖已年過六十，依舊像個精力十足的「過動熟年」，每天四處奔波，出國考察，開會演講，總是展現高昂的興致。

二〇一四年秋天，典華位在新莊的「新北旗艦」館即將開幕，台中七期的五星級飯店 Lin Hotel 也將落成，典華未來還準備進軍南部……，許許多多的計畫都在進行中，「我覺得這個行業好像才剛要開始蓬勃，」方頭大耳、總是帶著微笑的林齊國樂觀地期許。

原創轉型

打造婚禮文化
的新經典

> 國外的婚禮可以辦得那麼令人感動，台灣為什麼不行？
> 林齊國不畏產業的積習，
> 從成立台灣第一個專業的婚禮企劃部門開始，
> 到興建專門的婚禮大樓，
> 一步步形塑婚禮文化的新樣貌。

　　為什麼幾乎全世界的人，都喜愛看奧斯卡頒獎典禮？

　　因為這個年度的好萊塢盛會都是經過精心設計打造，不論燈光、布景、特效等各種元素，全部由專業人員卯足了勁策劃執行，頒獎人和主持人也會在事前做足功課，充分發揮串場的功力、製造笑點，從頭到尾絕無冷場，因此即使過程長達三、四個小時，觀眾也不會覺得無聊。

　　辦一場結婚喜宴雖然不必像奧斯卡那樣高規格，但結婚畢竟是人生大事，大部分人一輩子只有這麼一次，總是該來點特別的。

　　一般人想到傳統婚宴，不禁要嘆氣，它幾乎就是沉悶無趣的代名詞。不外乎新娘穿著白紗、新郎穿著中規中矩的西裝，新人走著樣板的台步，台上有一群長官、長輩說著冗

長無聊的內容，台下則是一群認識的、不認識的賓客，擠坐在飯店的宴會廳，無趣地嗑瓜子、喝汽水，或是交頭接耳聊一些無關緊要的小道八卦，大家耐著性子飢腸轆轆地等著第一道菜上桌……。總而言之，台上你做你的、台下我吃我的，賓主之間完全沒有交集。

婚禮不該像報幕

在典華擔任學習長特別助理的詹惠琳印象很深，十年前她來典華應徵工作，還在第三次面試階段，學習長林齊國特地帶她去觀摩一場婚禮，並想了解她的反應，「您覺得怎麼樣？」

「好像國慶日的司儀在報幕，」詹惠琳據實回答。她看到台上那對新人走路比士兵行軍還僵硬，一點都不自然。

「如果換成您，您會如何設計這場婚禮？」林齊國當場出了考題。

詹惠琳回家後，花了好幾個晚上構思，如何輕鬆活潑又不失莊重地進行整個婚禮流程，才能讓賓客既開心、又可趁機了解新人相識相戀的過程。到了第四次面試，現場三名主考官一派嚴肅地盯著詹惠琳，想看她到底能變出什麼把戲，

結果她在台上自編自導了一個婚禮橋段，然後，她被錄取了。

詹惠琳從二十四歲進典華，一路看著這個產業的蛻變，也看著典華如何從傳統餐飲業轉型為台灣第一個專業的婚宴集團，一點一滴奠定今日的規模。詹惠琳不諱言，不過十年光景，他們沒有料到典華竟然已經「長得這麼大」。

樹立典範

典華人都很清楚，「典華」這兩字的含義，就是要把典禮做到最菁華。林齊國曾透露，他對「典」這個字很有好感，因為象徵樹立典範，很多先進國家就是因為領導者以身作則，樹立好的典範，國家才變得強大。典華如果能把典禮做得精緻，就是在樹立一個好的典範。

林齊國剛進入餐飲業時，正值台灣經濟起飛，各行各業充斥糜爛的應酬風氣，只要是宴會聚餐的場合，重點都擺在拼酒、交際，政府因此曾公開宣導「應酬不喝酒，喝酒不乾杯」，希望能端正不良的社會風氣。

林齊國雖然是餐飲門外漢，什麼都不懂，但他冷靜觀察這個行業，實在百思不得其解，為什麼不僅客人喝、老闆喝，連廚師都在喝？他實在無法認同這種用喝酒做生意的文

把典禮做得精緻
就是在樹立一個
好的典範

化，他曾經開玩笑說：「如果從事餐飲業的平均壽命只有五年，是因為很多人都喝掛了！」

喜宴也能專業化

「喜宴這一行，為什麼不能專業化？」林齊國心裡一直很納悶，每天到處都能看到婚宴喜慶，為什麼從來沒有人肯好好設計規劃？而且喜宴場地一般都附屬在飯店的餐廳裡，婚禮形式大同小異，大家都是依樣畫葫蘆，毫無新意。

林齊國經常跑國外觀摩別人如何經營餐飲業，並且發現國外隨處可見漂亮的專業婚宴場所。他心想，國外可以把婚禮做得如此有質感，為什麼台灣不行？他很想改變台灣人喧譁的飲酒文化，做不一樣的事。

要改變積習已久的產業文化，不是一件容易的事，尤其是當大家都這麼做、認為理所當然時，推動改變更是困難重重。做婚宴，古今中外早已司空見慣，一點都不稀奇，也沒有人想過要如何翻新，但就是有人可以想出不一樣的形式，

劉仕國、高淑梅提供

顛覆一般人根深柢固的刻板印象。

新創意才有新契機

「內行人常覺得不可能，外行人卻看到改變的契機，」這是林齊國很多年後悟出來的道理。

曾有一份國外知名的財經刊物分析，全世界成功致富的名單裡，除了極少數像「股神」華倫‧巴菲特，因為靠著精準敏銳的投資眼光、投資對的標的物而累積了大筆的財富，或是挖到金礦、油礦、鑽石礦的大亨，絕大多數人都是因為採取某種創新或革新的方法，引領不同於別人的觀念而成功。譬如，正好切合市場需要的新產品或新服務，刺激、引發了顧客潛在的需求。

近年全球最著名的例子，莫過於已躍升為科技資訊龍頭的 Apple 電腦，率先推出 iPhone、iPad 等一系列革命性的產品；另外，不斷開發服務觸角的 Google，與連結社群網絡的 Facebook，都是極為成功的代表。

日本近十幾年來結婚產業的發展非常蓬勃，就是因為出現了產業改革。《紐約時報》曾專文報導，日本有一位三十歲出頭的年輕人 Nojiri，由於正值適婚年齡，參加過很多場

傳統制式的婚禮，但每次都覺得索然無味。Nojiri 和一些單身朋友談起，發現大家竟然都深有同感。他搖搖頭，說得斬釘截鐵，「我絕對不要這種形式的婚禮。」

　　大學曾是橄欖球校隊的 Nojiri，具有運動員的冒險精神，他嗅出一些商業端倪，覺得應該試著改變結婚產業的遊戲規則，於是向親友集資兩千萬日幣（約五百一十萬台幣）創立了「Take & Give Needs」（T & G）婚禮顧問公司。他們大膽打破傳統，標榜「歡樂派對形式」的婚禮，在東京租用非常流行、前衛的餐廳或環境優雅的場地，重新裝潢、擴充設備，布置成內部有大花園、烤肉區及游泳池，類似鄉村俱樂部的樣子。

因為客製化，所以大受歡迎

　　「T & G」出現之後，立刻成為最受日本年輕族群歡迎的婚禮顧問公司，因為他們策劃的婚禮充滿趣味，而不是過去一成不變、死板的模式。傳統的日本婚禮幾乎都是由雙方家長主導，新郎、新娘很少能過問插手。但隨著年輕一代的自主意識提升，婚姻大事也會要求自己作主，他們想要與眾不同的婚禮。「T & G」滿足他們「客製化」的需求，替他們

要改變積習已久的產業文化
不是一件容易的事
尤其當大家都認為理所當然時
推動改變更是困難重重

量身訂做，「我了解他們內在的渴求，」Nojiri視自己為領導流行的帶動者。

Nojiri和他的員工也協助新人打點其他婚禮相關的事務，譬如提供餐飲服務與新娘婚紗等。「Ｔ＆Ｇ」婚禮顧問公司成立迄今，已達超過六百名員工的規模，平均一年策劃八千場婚禮，一年的利潤可達三十億日幣，營業額高達三百三十億日幣。日本的結婚產業平均一年有兩兆日幣的產值，「Ｔ＆Ｇ」約占了16.5％。「Ｔ＆Ｇ」的下一步，則是準備成立貸款服務部門，幫助經濟不夠寬裕的年輕人，找到資金籌辦心中想要的婚禮。

餐飲業轉型，建立婚禮文化

二○○三年，林齊國在「珍寶」（後來的蘆洲典華）成立台灣第一個Wedding Center，這是國內首次出現專業的婚禮顧問部門，並且開始有「婚禮企劃」這個職業出現。

但林齊國認為這樣還不夠，想要做好婚禮文化，一定要

　　有一棟專屬的婚禮大樓。二〇〇八年，相當於十二層樓高、占地一千六百坪、大小宴會共有十五間的典華婚禮大樓在台北市大直落成，台灣第一棟婚禮大樓正式誕生，服務項目包括喜宴、婚紗、喜餅、婚禮顧問，全部一次到位。「典華不是賣餐飲，而是提供一整套專業服務的概念，」林齊國一語概括。

　　從此以後，典華不斷地替這個產業注入新的活水。六、七年前，林齊國帶著一群典華同事去日本參訪，他們實地拜訪了「Ｔ＆Ｇ」，並親自做了體驗，認為對方操作婚宴的精緻度非常高，頗值得借鏡。

全台首創婚禮體驗日

　　日本之行帶給他們很多的啟發和靈感，其中包括「婚禮體驗日」。婚禮體驗日的設計，是在決定場地之前先安排一段體驗時間，讓新人來觀摩模擬婚禮，除了做好場地布置、婚禮節目流程，並由模特兒示範動線，同時也準備一些婚宴的菜餚，準新人可以帶著雙方家人來試菜，還有準新娘想了解化妝的效果……，凡此種種，都含括在內。

　　如此大費周章的安排，「婚禮體驗日」在台灣絕對是創

打造六心級的幸福

舉，而且完全不收費。典華相信，與其花費唇舌跟客戶描述半天，不如請他們實際體驗，眼見為憑。

這種行銷手法有點類似「試用×天，不滿意退貨」的概念。根據典華內部調查，一旦新人有了第一手的觀摩，選擇在典華舉辦婚禮的成功率超過一半。

在台灣，辦一場婚禮到底要多少錢？以席開二十～二十五桌，一桌約一萬五千元台幣，再加上基本款的婚紗禮服、婚紗照，大約台幣三十萬左右。當然，也有人加碼做得更精緻，打造百萬級的婚禮。

除非是特殊個案，籌辦婚宴的客人大多只「上門」一次，所以這個行業必須不斷開發新客源，才能維持經營。典華人常覺得自豪，他們幾乎不做廣告，業務人員也不必上街頭拉客戶，因為大多數客人都是慕名而來，自動走進大門。

「我們靠的是口碑，百分之八十的客人都是由熟人推薦，或者靠網友一個揪一個，」宴會企劃部副總 April 說這些話的時候，臉上洋溢著自信。

婚宴產業中的「小巨蛋」

目前，典華的婚宴市占率約百分之十。台北市辦婚宴的

場所不下百家，以單一場地而言，典華旗艦館的「胃納量」相當驚人，一個月平均約提供一百二十對新人在此宴客。一般的喜宴大都集中在週末，包括午餐、晚餐，總桌數可以飆到兩千桌，如以每桌十人計算，即可得到一個如假包換的數字：光是一個週末，至少有兩萬人在這棟大樓裡進出，典華絕對稱得上是婚宴產業中的「小巨蛋」。

除了搶當六月新娘的浪漫憧憬，國人結婚一向根據農民曆挑選黃道吉日，中秋節後到農曆年前，通常是一年中最旺的結婚季節，農曆七月則是最慘澹的。在非結婚旺季時，典華的場地就用來舉辦展覽會、產品發表會、記者會、教育訓練、社團活動等，這些約占總業務量的三成。

為了分食婚宴這塊大餅，不乏傳統的老字號餐飲業轉型來做，過去姿態較高的五星級飯店，現在也紛紛降價加入市場競爭。

遇到結婚旺季，不但一席難求，還經常碰到新人「撞帖」。典華常接到客人反應，同時接到好幾張喜帖，但地點都是在典華，甚至還有兩位同事選在同一天、同一時間在典華辦喜宴，所以雖然撞帖，至少省掉舟車勞頓跑場的麻煩，頂多就是從三樓轉到五樓，或者從六樓轉到一樓。

典華幸福機構提供

內行人常覺得不可能
外行人卻看到改變的契機

出類拔萃的關鍵

典華做了哪些改革才有這樣的成績？歸納起來應該是：

一、婚宴客製化

每對新人都希望自己的婚禮是獨一無二的，所以每場婚宴都應該不一樣，除了有各自的音樂、燈光、影片，還可以依據個人喜好或職業特色，量身訂做個性化婚禮。譬如，有一對新人喜歡衝浪，當天的喜宴就設計得好像到沙灘度假；還有一對行動不便的輪椅新人，則為他們舉辦了一場國際輪標舞婚禮。

二、內容溫馨化

在典華，喜宴不是大聲吆喝划拳、拼酒乾杯，也不是用瞎胡鬧的手段惡整新人，而是設計溫馨感動的橋段，譬如安排新郎向新娘補求婚、新人向父母感恩等，才是婚宴的高潮，經常令人噴淚。

婚宴中也安排節目、遊戲，譬如讓單身男女來賓抽新娘捧花，還有從天而降的小禮物，糖果、香皂、鑰匙圈、在地

特產等，讓主客之間產生互動，彼此留下美好的回憶，而不只是包個禮金，吃完就走人。

三、價格親民化

典華服務的客層是一般大眾市場，希望大多數的消費者都能負擔得起，而非只針對金字塔頂端的顧客。在典華，特別的好日子一桌約一萬五千元台幣，平常日一萬兩千元台幣，價格都比五星級飯店低。

四、「一站式」服務

這也是典華首創，包括喜宴、婚紗、喜餅、婚禮顧問，只要進了大門，全部幫客戶搞定，新人可以選擇「包套」服務，也可以「單點」，但包套通常都有額外的加值服務。

其中，喜宴和婚顧是典華的創始基業，婚紗和喜餅是近年新增的服務。典華的Cakery喜餅在二〇〇九年才成立，雖然營業額不大，卻是小而美、小而精緻。顧及現代人的健康考量，Cakery餅乾完全百分之百手工製作，採用新鮮食材和進口堅果，另外特別開發市場少見的花茶與水果口味，創造自己的特色。

五、菜色健康化

響應綠色環保的世界潮流，典華率先推出環保菜單，有

些套餐組合不再提供魚翅。很多老一輩的客人認為酒席中有魚翅才有面子，遇到這種狀況，典華的服務人員會委婉地表示，因為環保，而且魚翅價格又高，建議改用佛跳牆或羊肚菌燉土雞代替。一般說來，客人的接受度都很高。

菜單也會考量健康，典華有一道招牌點心「蜜汁叉燒酥」，口感酥脆，肉質色澤自然，忠於原味；還有一道「百年好合」甜湯，除了小湯圓、蓮子，他們用花生粒取代花生粉，減低熱量攝取。另外，婚宴不提供瓜子，因為這樣十分破壞氣氛，而且容易製造髒亂。

六、場地舞台化

所有的燈光、音效、布景，一應俱全，新人可以如電影明星般站在立體多層的蛋糕舞台上，或是穿越廳堂中央的星光大道、乘坐高空纜車進入會場，即使不是奧斯卡頒獎典禮，但足可媲美拉斯維加斯的舞台秀。

台灣很多人做喜宴，但典華能出類拔萃，靠的就是這種用心，利用原創轉型。

婚禮企劃

創造幸福的
善循環

「婚禮如果是好的開始，

兩個人與兩個家庭從此會更加親密，

形成善的循環。」

抱持著這樣的信念，在典華婚禮企劃的用心中，

一場又一場感人的婚禮產生了⋯⋯

什麼是婚禮顧問（Wedding Planner）？

簡單說，就是協助新人規劃整個婚宴的顧問。在古代，這個角色比較像是媒人；到了現代，分工越來越精緻化與專業化。在典華，這些人被稱為婚禮企劃，他們每天的工作內容，從喜帖怎麼設計、宴會場地如何布置到婚禮流程如何進行等，幾乎大小事通包；此外，還要身兼婚宴主持人、影片製作人。

婚禮顧問是非常專業的工作，在國外，合格的婚禮顧問要經過受訓並且頒發證書。知名女星珍妮佛・洛佩茲與英俊帥哥馬修・麥康納，曾主演一部愛情喜劇《愛上新郎》（The Wedding Planner），對婚禮企劃有不少著墨，大受觀眾歡迎，讓很多年輕女性對這個行業十分嚮往。

　　二〇〇六年，典華重新構思該如何把婚宴做得跟別人不一樣，於是將旗下的婚禮顧問資源重新整合，定名為「婚訂愛（Wedding i）」。

　　在台灣，婚禮顧問算是新興的行業，資深的從業人員不多，典華的婚禮企劃也大多是社會新鮮人，現有三十餘名。李佩純（Patty）是這個部門的「管家婆」，她入行九年，每年經手的婚禮不下七、八百場，是業界的老手。

關鍵的人格特質

　　其實在典華成立之初，台灣根本沒有婚禮顧問這一行。典華也是在學習長林齊國親自帶領下，從無到有，建立專業團隊。

　　二〇〇九年，典華為了培養更多的專業人才，曾經走進校園招募新鮮人，推動培訓校園種子計劃。當時的反應相當熱烈，一共收到五百封履歷，典華通知了其中兩百人來參加，要求做一分鐘的自我介紹、分享一篇文章的讀後心得，以及為什麼想從事這一行等。「我們在乎的是人格特質」，Patty解釋。

　　經過篩選上課遲到早退、出勤狀況不佳的學員，進入第

二關剩下不到五十人，再請這些學員分組做婚禮發表會。經過三關的競爭，真正進入典華工作的不到五人，如今碩果僅存的只有一人 ——「陳世豪」。

「陳世豪」名字很陽剛，卻是一個臉蛋標緻、身材修長的漂亮女生。尚未進入這行之前，陳世豪對婚顧工作充滿幻想。有天，她在一本女性刊物上讀到一篇關於婚禮顧問的報導，受訪的女企劃師分享，「可以聽到很多浪漫的愛情故事與不同歷程的人生，這是一個很幸福的工作。」這句話深深打動她，立刻得到共鳴，「哇，這份工作好酷喔！」

值得長期投入的行業

陳世豪上網路搜尋，想了解台灣是否有這種工作，「Wedding i」（婚訂愛）第一個跳進她的視線。她趕忙投了履歷表，以工讀的名義應徵助理。後來，典華開始推動校園種子計劃，陳世豪對這項訓練課程很感興趣，主動要求加入受訓。

種子計劃的訓練課程不少，令她印象最深的是「主持技巧」。授課老師示範主持婚禮不是司儀報幕，而必須像綜藝節目主持人或新聞主播，自己設計、串連說話的內容和技

許凱昇、林虹妏提供

巧。陳世豪才明白,這和過去她在校園裡學生社團的概念很不一樣。

很多參加種子計劃的學員,是基於好奇或抱著「來玩玩」的心態,也有人將此當成轉業的跳板,有幾個同期的女生後來去當了空姐,陳世豪卻是「玩真的」。她認為這是一個值得長期投入的行業,因此非常認真學習。

每次有新人上門洽談,陳世豪最喜歡和他們閒聊彼此的職業、男女主角相識的過程,這些故事總是特別吸引她。她也在廣泛接觸的客戶群中,從船長、理財顧問、企業第二代等客戶的身上得到很多啟發。

每天都在挑戰不同的事

很多人認為擔任婚禮企劃就是每天穿得漂漂亮亮地上台,但這個工作需要「文武兼備」。「文」是指對婚禮的典故、習俗、儀式必須充分了解;「武」是指經常會碰到一些突發狀況,隨時要處於備戰狀態,「我們每天都在挑戰不同的事,」年輕的 Patty 瞇著雙眼笑說。

譬如新人為了籌備婚宴而發生爭執,甚至還涉及雙方的親友、長輩,這種事屢見不鮮。

專業的婚禮企劃
就得懂得如何在新人與父母糾紛間
扮演巧妙的潤滑劑

　　有位婚禮企劃就曾接到新人打電話來訴苦，「連我穿什麼樣的禮服、任何一件小事，婆婆都要插手管……」她也處理過一場文定儀式，女方不太情願要在訂婚儀式中奉茶給公婆，當下的態度很不以為然，口氣不好地質問，「那結婚的時候，是不是也要請新郎奉茶給我父母？」

　　許多婚禮企劃因為缺少社會經驗歷練，尤其是遇到新人與雙方家長的糾紛，常覺得棘手。但是，做為一個專業的婚禮企劃，就得懂得如何在中間扮演巧妙的潤滑劑。

在衝突間緩頰

　　有一對愛情長跑十年的情侶，終於決定攜手步入禮堂，女方希望由自己的父母在婚禮上挽著她進場，婆婆卻認為不合一般常情而予以否決。新娘覺得很受傷，打電話向婚禮企劃哭訴，「我就這麼點要求，婆婆卻這麼不通人情。」

　　這件事拖了一個多月，婆媳仍互不相讓，僵持到婚禮當天都沒有解決，眼看婚禮已進入倒數計時，劍拔弩張的態勢

一場婚禮如果是好的開始
兩個人與兩個家庭從此會更加親密
形成善的循環

隨時一觸即發，新娘在休息室裡忍不住發飆，「簡直不可理喻！如果她再這樣跋扈，我就不嫁了！」

新郎夾在老婆、老媽中間，兩頭為難，不知該如何是好。幸好婚禮企劃不斷打圓場，努力緩頰兩邊緊繃的情緒，最後婆婆終於態度軟化，「好嘛，看她是要怎樣，就照她的意思處理。」

新娘終於高高興興地在婚禮上挽著父母進場，婚禮企劃也大大鬆了一口氣。婚禮結束後，陳世豪特別寫了一封信給新娘，一方面恭賀她，也希望她繼續加油，努力改善與婆婆的關係。

因為對事情的看法、價值觀不同，或者對婚禮的形式各持己見，每次碰到這種棘手的狀況，都不禁讓典華的婚禮企劃們思索，「到底還可以做些什麼事來改善這些緊張的關係？」

由於典華同仁在工作中看到太多現象，對照這個社會的婚姻頻頻出狀況，深知婚前教育是一件相當重要的功課，但

學校教育從來沒教，都是大家各憑本事胡亂摸索。因此，典華在今年十月成立「幸福學苑」，專門替新人做婚前教育。

婚禮企劃的必備特質

究竟，在典華擔任婚禮企劃，必須具備哪些特質呢？

首先，抗壓性要夠。

婚禮企劃每天在第一線處理「人」的問題，壓力不單是來自新人，還有雙方親友以及整場婚禮五、六百位賓客，當每個人都睜大眼睛看著你，必須要能不疾不徐掌控全局，表現一定要沉穩。

有一回，陳世豪回到家鄉雲林斗六，替青梅竹馬的玩伴主持婚禮，台下坐的賓客很多是鄰里長輩與當年學校的老師，大家都對她穩健的台風和流暢的主持功力讚不絕口，「哇，世豪真不是蓋的！」、「你們北部人好幸福喔，可以設計這麼棒的婚禮！」

第二，遇到突發狀況，要能隨機應變，具備圓融的處理技巧，尤其不要捲入客戶的是非紛爭，而是居中化解。

詹惠琳還在擔任婚禮企劃時曾碰到一個緊急狀況，新娘已經把禮服穿在身上了，眼看婚禮馬上就要進行，卻因

郭哲瑋、紀涵晨提供

故與新郎發生口角，新娘很生氣地撂下一句話：「我不結婚了！」不顧身上還穿著白紗，轉頭奪門而出，跑到大街上攔了計程車，打算當個落跑新娘。

第一線的工作人員見狀，立刻透過對講機緊張地跟她說，「惠琳，出問題了，客人氣呼呼地跑出去了，您快點過來！」

詹惠琳飛快地衝下樓去，一個箭步搶到尚未離開的計程車旁，新郎則攔在車門旁邊，一把拉住新娘，兩人還在繼續爭執。詹惠琳也跟著急了起來，口裡嚷著，「您要去哪裡啊？有話好好說，我們上樓去找一個地方，讓大家冷靜下來好好談，好不好……」

如此前後一番折騰，那天的婚禮總算如期順利舉行，包括詹惠琳在內的所有工作人員，終於都鬆了一口氣。

第三，碰到挫折，要懂得自我消化、轉化。

Patty主持過一場婚宴，流程中原要安排女方的貴賓致詞，但她疏忽了，一直到了尾聲新郎才提醒她，新娘的父親對此很不諒解，認為是女婿故意忽略。Patty自責不已，第二天連忙打電話向新郎的岳父道歉，岳父的口氣很不悅，「這場婚禮就是被妳搞砸了，我一點都不想再看到妳！」

事隔半年後，Patty又遇見這對新人。新郎反而安慰她，並未否認Patty曾做過的努力。

由於即使是播錯一首歌、講錯一個名字，都會造成別人的遺憾，Patty和同事為了怕出錯，總是把一張婚宴流程表來來回回看了數十遍，並且比照大型宴會、國慶晚會的規格，至少經過一、兩次的綵排，婚宴當天一定提早兩個小時到現場準備。「我們好像得了強迫症一樣，」她忍不住自嘲。

第四，保持專業，了解各種婚禮習俗以及傳承典故。

有一回，她們接待一組新人，新郎是印度人，依照當地習俗，婚禮必須繞著營火進行，但基於安全考量無法在宴會廳內升營火，於是她們想到一個變通的替代方式，準備一座約六十公分高的燭台，上面放了十幾根蠟燭，讓新人圍著燭台，氣氛既浪漫又效果十足。

在溫馨感人間工作

這個行業碰到賺人眼淚的故事也不少，婚禮企劃在一旁協助中，常常自己也感動不已。

婚禮企劃們經常刻意在典禮中設計一些橋段來製造高

林廣哲、林岱瑩提供

這個行業不只是辦一場婚宴而已
幫助別人經營家庭幸福
才是真正有意義的事

潮。舉例來說，由新人獻花、送禮給父母，並說出一段感謝
父母的話，幾乎每次都讓大家一把鼻涕、一把眼淚，甚至出
現台上、台下哭成一團的溫馨場面。Patty 觀察，尤其是新
娘的父親，常常都是抱著女兒大哭，瞬間淚水潰堤。

陳世豪曾接待過一對新人，新郎林威志私底下透露「有
個大計劃要讓新娘驚喜」，於是她義不容辭地答應幫忙。原
來是，這對新人都喜歡陶喆的一首歌〈愛很簡單〉，新郎打
算在婚禮上自彈自唱，當作送給新娘的禮物。

但新郎從沒學過鋼琴，也完全不認識五線譜上的「豆芽
菜」，他鼓足勇氣拜師學琴，偷偷苦練了三個月，硬是強迫
自己把整首曲子背下來。陳世豪不僅找了一架鋼琴免費讓他
練習，也記錄拍攝了新郎苦練的過程。

這期間，威志和典華的婚禮企劃套招，編造「去健身
房」、「和客戶吃飯」等各種理由，沒有透露任何蛛絲馬
跡。家人發現他正在祕密進行的計劃時，則認為他簡直是在
自找麻煩。

　　威志的伴郎也是當天才得知此事，當下反應只有三個字，「你瘋啦！」

　　為了怕臨場凸槌，威志與婚禮企劃討論後決定在婚禮綵排時先秀一手，但他還是因為太緊張，中途「卡」住，「腦筋頓時一片空白，」他回想當時的窘況，本想重頭再來一次，情急之下索性從後面的段落繼續彈下去。

　　當他卡在鋼琴前面，急得滿頭大汗，伴郎第一個大喊，「威志加油！」現場的朋友也紛紛鼓掌，鼓勵他不要中途放棄。

　　新娘看到這幅景象，起初一陣錯愕，等回神過來才恍然大悟，然後又看到陳世豪在背後銀幕上播出新郎私下偷偷練琴的影片，還有新郎寫給她真情流露的卡片，當場感動地飆淚。

　　威志終於彈完了那首曲子。伴郎上前用力拍他的肩膀，「你真的很強，我大概一輩子都不會有膽量做這種事。」每個人都誇獎他，「你真的很厲害。」有一位朋友的老公平日看起來是個硬漢，居然當場感動得流淚。

　　結婚三週年時，威志和太太薏如再次拿出這段影片回味，兩歲的女兒在一旁很興奮地說，「爸爸，你好帥喔！」

這次的用心，為他們的婚姻贏得更多加分。

輪椅上的幸福

Patty還負責過一對輪椅新人的婚禮，新郎、新娘已年屆五十，但都是第一次結婚。

「我非常佩服你們，替我們設計這場婚禮，」新娘說得很坦白，她從來不敢憧憬這輩子能有婚姻，「直到我遇見他，改變了我一生，」她幸福的臉龐閃爍著光彩。

令Patty驚訝的是，新郎不但自己會開車，還加入國際輪標舞組織，雖然行動不便，卻到處玩耍、跳舞，照樣活出精彩人生。

「不如我們就把這次婚禮的主題訂為『舞動人生』，舉辦一個輪標舞的婚宴，」Patty替他們想到這個點子，大家都覺得很好。

當天的來賓有三分之一是坐輪椅的朋友。婚禮企劃們在宴會廳中間規劃了一個六公尺平方的正方形舞池，就像電影情節一樣，由新人跳第一支舞開場，新郎的輪椅上裝飾了領結和西裝，新娘的輪椅上則綁了一副禮服上的頭紗。

第一支舞開始，全場鴉雀無聲，所有賓客的目光全部盯

扶漢民、張錦錦提供

婚禮企劃表面光鮮亮麗
但要持久地做下去、做得好
心底往往要有很強的信念

著這對新人，即使他們行動不便，跳輪標舞的姿態卻非常投入迷人。

Patty站在一旁擔任主持人，不停地用手偷偷擦眼淚，深怕自己一旦哭出聲來，場面馬上就會變得不可收拾，只好強忍住，硬ㄍㄧㄥ著，「這是一場『不能承受的感動』的婚宴，」雖然已事隔多年，Patty回憶起來仍覺得眼角濕潤。

堅持造福人群的信念

婚禮企劃表面看起來光鮮亮麗，走在時尚的尖端，但卻和一般上班族的作息背道而馳，別人放假，他們反而更忙，必須守在工作現場。要持久地做下去、做得好，心底往往要有一股很強的信念。

詹惠琳入行以來，足足有七年農曆年沒在家吃年夜飯，想到別人在家過年團圓，自己卻在工作忙碌著，在那一刻內心常覺得很寂寥。

有一次，深夜收拾宴會結束後的現場，那時詹惠琳剛與

前男友分手不久，看到別人幸福恩愛的舉行婚禮，不禁觸景傷情，當場撲簌簌地直掉淚；另一位同事也因細故和男友吵架，男友抱怨她總是不能陪他過週末，覺得很委屈；還有一個同事難過好久沒有陪小孩。那晚，三個女人哭成一團。

工作太忙的時候，難免會出現職業倦怠，但Patty常會想起進公司的第一天，林齊國對這些年輕的婚禮企劃耳提面命的一段話：「一場婚禮如果是好的開始，兩個人與兩個家庭從此會更加親密，形成善的循環。尤其現在的結婚率偏低、離婚率偏高，我們做這個行業不只是辦一場婚宴而已，如果可以幫助別人經營家庭幸福，這才是真正有意義的事。」

永遠當成第一次

Patty觀察周遭同齡的朋友，不少在金融、紡織、補教、高科技行業服務，收入都算不錯，但他們常抱怨自己的同事、主管很討人厭，工作很無趣，為的不過是混一口飯吃。而她的婚禮企劃工作卻很不一樣，這份工作讓她永遠保有好奇心，樂於聽到別人的故事，也分享生命的經驗，「充滿感動，而且令人亢奮，非常有成就感，」Patty形容。

　　典華一年平均替一千多對新人辦理婚宴，「也許，對婚禮企劃來說，這已是第一百次、第一千次的家常便飯，但卻是新人的第一次，」Patty自我期許，永遠不能對這份工作失去熱誠。他們每次在公共場合看到有新人在拍婚紗照，即使不是自家的客人還是很興奮，也會特別上前道聲「恭喜喔！」，甚至還主動幫忙新人整理儀容、禮服。

　　有幾次，婚禮企劃也幫助企業內單身的同事舉辦聯誼會，並請他們邀請朋友一起參加，把婚禮中的遊戲橋段套進來運用，同樣引起熱烈共鳴。

　　「這是造福人的產業，」林齊國經常把這句話掛在嘴邊，仔細揣摩，頗覺意味深長。

幸福保固

超越時光，
　守護永恆之愛

「共創幸福不該只是一個口號，

典華和新人的關係更不是辦完婚宴就結束，

典華在維繫幸福這件事上，做了哪些努力？」

在這樣的反思下，

典華幫忙新人補求婚、提供幸福時空膠囊、結婚週年慶，

協助客人長期維護婚姻幸福。

　　婚禮是新人對幸福婚姻的正式宣告，不過，典華在這些年的婚宴經驗中卻深切體驗到，一段婚姻要長久幸福，還需要當事人在許多環節上細心經營。

　　近年來，好萊塢愛情電影中，凡是描述求婚的劇情總是充滿浪漫感人的氛圍，很讓女性觀眾大為感動，總是嚮往化身為劇中女主角，幻想新郎單腳跪地向自己求婚的那一刻。

　　不過，在台灣，很多男性都欠伴侶一個正式的求婚。

讓新娘沒有遺憾

　　典華的婚禮企劃們曾做過調查，上門籌辦婚宴的新人之中，竟有百分之八十的新郎沒有正式向新娘求婚，大多是

雙方父母在背後催促，或者兩個人「口頭上講一講就去辦了」。許多新娘即使不說，心中仍不免感到遺憾。

還記得那個原本連五線譜都看不懂、卻在綵排婚禮上大膽獨奏的「鋼琴新郎」林威志嗎？他事後坦承，會有那麼一次神來之筆，完全是為了要補償太太，因為他「不小心搞砸了求婚」。

林威志和藍薏如交往四年後決定結婚，兩人去訂了婚戒，但薏如抱怨，「你怎麼都沒有求婚？」

於是威志心中暗自決定，要在拿婚戒那天正式向薏如開口。

當天晚上，兩人去燒烤店共進晚餐，一直吃到最後一道甜品，威志都還沒行動，於是薏如率先發難，「你該不是今天要向我求婚吧？」

威志一時心虛，連忙否認。

兩人回到車上，準備打道回府，威志忍不住招供，掏出婚戒，「我今天本來真的是要向妳求婚的，誰知道被妳破梗。妳願意嫁給我嗎？」

薏如又哭又笑，「哪有人像你這樣的，先是去燒烤店，現在又是車上。這和電視上的求婚都選在燭光晚餐，怎麼氣

氛完全不一樣啊！」

　　威志感到懊惱，也自覺虧欠薏如，更不想以後這件事常被家人拿出來消遣，因此在典華婚禮企劃的協助下，在婚禮上給薏如一次驚喜。

　　「這樣結婚以後才不會被太太念，老公的日子才會好過一點，」三年前結婚的過來人林威志說出心聲。

求婚團隊大出擊

　　二〇〇八年八月七夕情人節，典華組了一支國內前所未見的「求婚團隊」，他們察覺到很多男性忽略了求婚的重要性及意義，因而婚禮企劃在婚宴中總是刻意設計一個新郎「補求婚」的橋段，滿足大多數新娘期待在求婚過程中必備的「鮮花、鑽戒、下跪、告白」四個步驟，這之後新娘才能大聲開口回說「我願意」。經過這一道補求婚的程序之後，每個新娘都是眉開眼笑。

　　今年七月，典華婚禮企劃就幫一對即將結婚的新人，設計了一個感人的驚喜求婚。

　　準新郎李治齊是典華整合長室執行助理，和女友佳蓉從高中開始就是班對，愛情長跑了十年，他們的生活價值觀、

謝穠愨、姜之瑜提供

金錢習慣、飲食口味等各方面都很接近，很早就認定彼此是攜手一生的伴侶，因此雖然偶有口角，但從未鬧過分手。

至於行為思考模式，兩人是很典型的男女有別。佳蓉喜歡驚喜，治齊比較務實。好比多年前，佳蓉曾興沖沖花了兩千元買了一條銀項鍊給治齊，卻反而換回一盆冷水，「妳怎麼花錢買這個給我？」治齊露出不以為然的表情。

不過，治齊卻準備給佳蓉一個最大的驚喜，計畫擇日向她求婚。他們曾經談過共組家庭的事、家裡該怎麼布置、小孩要怎麼教育……，「你又還沒求婚，我們談這個還太早，」佳蓉暗示。

她的要求不多，就是治齊求婚時絕不能隨隨便便，不能在兩人穿著拖鞋、吃路邊攤時，而是要在有氣氛的場合；而且，她的樣子不能醜，一定要穿著打扮得很漂亮。治齊統統記住了。

他曾聽說兩個很妙的求婚案例，自己也反覆推敲何時才是最適當的時機。

一名銀樓老闆選擇在飛機上向女朋友求婚，他先溜到廁所去換西裝，並請出機長為他宣讀求婚誓詞，讓全機旅客相當驚豔。

典華的獨門發想「幸福時空膠囊」
保存新人當下的感動
為過去創造未來

　　還有一對男女朋友，相約到澎湖海邊烤肉，準新郎拉出事前準備好的紅布條，上面寫了幾個大字「×××，我愛妳，嫁給我吧！」然後再獻上一束花、一只象徵性的婚戒，一舉成功。

　　終於，機會來了。典華正在為新人籌辦婚禮體驗日，治齊自願充當模擬新人，因為當天模擬新人都會盛裝，他認為正是一個求婚的好時機。

　　婚禮企劃部門同事Patty聽到他的構想，也很興奮，「放心，我一定幫你好好策劃。」

假戲真做的驚喜

　　七月最後一個週末，佳蓉隨著治齊充當模擬新人，但她以為是公事，不知道這次是來真的。走完流程之後，婚禮企劃的同事佯稱要補拍一些婚紗示範照片，請佳蓉到新娘房換裝、換髮型等候，其實他們是在典華「飛蝶圓頂」布置了一個現場，邀請雙方六、七十位親友來觀禮。

晚上八點半，佳蓉身穿白紗禮服走出電梯到會場，原先以為不過三、五個工作人員，卻看到滿屋子的熟面孔，連雙方的母親都到了。她被這個盛大的陣仗怔住了，又看到治齊站在最前方的位置，遠遠地微笑看著她，佳蓉突然不知所措，立刻明白即將發生的事。

一條短短不過十公尺的通道，一時之間她覺得彷彿有一百公尺那麼長，才踏出第一步，佳蓉就已經無法控制，哭得像個淚人。當治齊單腳下跪，很誠摯地問她「願不願意嫁給我」，她哽咽得泣不成聲。

那幅景象實在是太感人，幾乎所有在場的人都濕了眼眶，就算是好萊塢的電影情節都相形失色。

求婚盛會結束後，很多人都問治齊，「萬一佳蓉說『不』，你該怎麼辦？」

「我相信她不會，」治齊信心滿滿。

果然，佳蓉只悄悄地問了治齊一句，「我臉上的妝有沒有哭花掉？」

治齊後來跟一些男性朋友分享，總是會關心詢問對方「準備求婚了沒有」、「有沒有想好什麼橋段」，如果對方回說「沒有任何想法」，他一定不忘吐槽，「那怎麼會成功？

典華幸福機構提供

如果你不想被念一輩子，就要好好求婚。」

回到初衷 —— 幸福時空膠囊

很多企業標榜做好售後服務，典華整合長林廣哲（Van）也常常反思，典華能提供什麼樣的售後服務給這些新人？典華既然是販賣幸福的產業，但共創幸福不該只是一個口號，典華和這些新人的關係，更不該是辦完婚宴就結束，典華在維繫幸福這件事上，做了哪些努力？典華真的有提高客戶的結婚成功率、降低離婚率嗎？

二〇一三年春天，Van也完成自己的終身大事。理性的他在走入婚姻之前就充分理解，那些童話故事都過度美化，王子與公主並非從此過著幸福美滿的生活，走入婚姻裡的男女也不會完全相安無事，每樁婚姻裡都會遇到需要解決的難題，一定會有摩擦、爭執，開始計較生活中一些雞毛蒜皮的小事。

當每天繞在這些瑣事裡打轉，兩人很容易就忘了相知、相惜、相伴的承諾，雖然曾有很多話想告訴對方，但生活中有太多的事分心，整理家務、管教小孩、做飯打掃……，以至於到後來累了、倦了，也就不想再多說了。

一段婚姻要長久幸福
需要當事人
在許多環節上細心經營

　　Van分享許多同事共同的經驗，當和男女朋友吵架時，雖然很想跟對方說一些真心話，但因為還在氣頭上，或者認為時機未到，一時說不出口；而當下沒做，時間一久，直到分手，該說的話都沒說，便成了遺憾。Van心想，如果大家當時找個方法記錄下來，當作日後的「證據」，結局是否就會不一樣了呢？

　　典華有一項「幸福時空膠囊」的獨門發想，點子就出自Van。

　　他們送給每對願意接受這項服務的新人一顆膠囊，請他們在即將步入禮堂的前夕，分頭為彼此寫下一段期許與感恩的文字，也可以畫圖或放入明信片、車票、生活照片等想和對方分享的物品。然後，新人把幸福時空膠囊封裝起來，交給典華的工作人員保管。到了一年後的同一天，再一起打開這個盒子，回顧一年前自己寫給對方的內容，並且第一次閱讀另一半一年前對自己說的心裡話。

　　幸福時空膠囊的設計很簡單，外觀是一個長方形、書

本大小的鐵盒子，裡面放有一個特製信封、兩份信紙、一個像蠟的封籤，還有一張「幸福時空膠囊說明書」（Denwell Time Capsule）。這個外觀樸實的小盒子，得到經濟部核發的專利，專利證書上的說明文字是：一種關於幸福產業之資訊儲存體。

這個膠囊的外盒包裝上標示了成分：勇氣4％、責任12％、承諾3％、初衷10％、愛情12％、包容5％、體貼4％、經營50％。這些都是維持幸福婚姻的成分，也許每個人需要的比例不同，但有一項對每個人來說都一樣重要，那就是占最大比例的最後一項，經營。

替過去創造未來

Van的發想來自由尼可拉斯・凱吉主演的電影《末日預言》（Knowing）。

一九五九年，波士頓一所小學的老師要求學生畫出他們想像中的未來，然後把所有的畫都放進時空膠囊中。過了半個世紀後，另一代的小學生打開這些時空膠囊，一名小男生拿到其中一張寫滿數字的紙條，他的天體物理學家父親驚訝地發現：這些數字準確預言了過去五十年的每一場重大災

楊中棠、傅佩穎提供

「理性選擇，感性相伴」
是典華傳達給新人的八字箴言

難，也預言了世界末日，因而和眾人一起阻止即將來臨的災難。

雖然這只是一部電影，Van卻從片中的關鍵道具──「時空膠囊」得到靈感。

他想到如果能開發一種產品，把顧客當下的感動、感覺預存起來，或者記錄當時的某個想法或點子，然後存放在一個類似時空膠囊的容器裡，到了某個特定時間再打開來檢視，「就等於是在替過去創造未來，」Van解釋。

經過時間的沉澱，幸福時空膠囊會自動發酵。多數人都忘了自己當初寫下什麼給對方，每個人都很期待看到對方一年前寫什麼給自己，一旦再看到這些文字和圖片，就像影片自動倒帶，許多畫面會從記憶庫中被喚醒，回想這一路攜手走來的過程，就覺得很感動。

開啟回憶的感動

這一天是八月的週六下午，位在大直「典華旗艦」館的

飛蝶圓頂樓層 S2，工作人員邀集了十多對去年八月在典華完婚的夫妻檔，有的還帶著剛出生的寶寶來共襄盛舉，共同揭開盒子裡的祕密。

從透明的玻璃纖維圓頂抬頭望出去，天空已堆積一層厚厚的烏雲，似乎就要下起午後雷陣雨，但現場卻瀰漫著一股雀躍的氛圍，就像是潘朵拉的寶盒，一旦被掀開了，就有一股神奇的魔法。當在場的每對夫妻打開封裝一年的盒子，反覆咀嚼伴侶為自己留下的短箋，很多人邊看邊擦眼淚，不自覺地握緊對方的手。

有位太太分享他們的經驗，「他平常很害羞，也不太說話，看到他兩張信紙寫得滿滿的，真的很感動，讓我們回到當時的氛圍。雖然都是些無聊的小事，但這種感覺還真不錯。」

一位剛從大陸深圳趕回來的先生說，「這一年發生很多變化，體型變化最大，」他指著自己已顯發福的中圍笑說，平時工作很忙，又經常出差，但想到可以利用這次的機會再寫第二封，覺得滿高興的，「因為我還有很多話想對老婆說……」

到目前為止，典華一共發出超過兩百顆幸福時空膠囊，

舉辦過四次膠囊開啟聚會，即使沒有華麗的詞藻，但都是真情流露，「很多人當場都哭翻了，連典華的同仁也哭得像淚人，」身為幸福時空膠囊的發明者，Van也深受感動。

Van本身也是幸福時空膠囊的使用者，他在四個月前寫下給妻子的一段話，短短不到一年，他的人生已發生很多變化。他形容自己彷彿是剛參加考試的考生，正在等待明年春天答題的考卷揭曉。

幸福時空膠囊到底有什麼奧妙之處？為什麼可以在瞬間抓住這麼多人的情緒？它的道理其實很簡單，只有簡單的一句話：回到初衷，保留當下的原汁原味。

午後的大雨馬上就要落下，室內的光線暗了下來。這十多對夫妻無視於善變的天氣，紛紛拿起筆，安安靜靜地與伴侶並肩而坐，為彼此寫下第二封幸福時空膠囊，到了第二年、三年、五年、十年……，以後每年同樣會再次使用時空膠囊，留下這些美好，以後就不怕找不到幸福的回憶。

幸福也能零存整付

維持幸福婚姻很難，也很簡單，就像銀行「零存整付」的概念，平常一點一滴地累積，到後來就是一大筆的財富。

郭璨瑜、余雅萍提供

「平常要定期往『婚姻銀行』裡存錢，不要一直領錢，否則再多的存款遲早也會用光，」還在新婚階段的 Van，因為學習長父親林齊國的身教一直有深刻的體悟。

人性是脆弱的，又有惰性，因此要維繫幸福婚姻必須兩人建立共識一起守護，藉著外部力量督促，並要像鍛鍊身體一樣持之以恆。

幸福時空膠囊就是個很好的管理工具，而林齊國也從自己出發，舉辦結婚二十五週年紀念，提醒每一對夫妻長期經營婚姻生活的重要。

不過，在林齊國的想法中，婚禮週年紀念的意義，不只存在於夫妻兩人之間。趁這個機會，感謝一路幫助他們家庭的親朋好友，也同時替母親辦生辰大壽表達謝意，才是他心中最圓滿的紀念。

於是二○○五年，林齊國和太太結婚滿二十五週年的這一天，他們再辦了一次婚禮，由林齊國夫婦的三名子女擔任證婚人。婚禮上，「證婚人」和這一對「新人」之間的對話非常有趣。

「林先生，您覺得太太常常碎碎念，沒事管東管西，您們已經一起生活了二十五年，現在給您一次機會，您還願意

典華幸福機構提供

典華幸福機構提供

再娶她嗎？」

「符小姐，您先生每天都在外面東奔西跑，老是不在家，把所有的家務事和管教小孩的責任，全部丟給您一個人承擔，您還願意再嫁給他嗎？」

他們兩人都點頭，異口同聲回答：「我願意。」

那場婚宴盛大而隆重，林齊國夫婦甚至計畫在結婚三十五週年時，還要再辦一次婚宴，除了邀請賓客來觀禮，同時要替母親辦九十大壽。

男女因為產生愛情而結合，但長時間朝夕相處後，漸漸把對方的存在視為理所當然。許多夫妻抱怨，結婚越久，越失去自我，變成模糊的一對。

英國婚姻諮商專家安德魯‧馬修（Andrew G. Marshall）就根據多年臨床諮商經驗指出，「伴侶間一定要保持濃情密意，關係必須細心呵護，保養得法，才能歷久不衰。」

見證銀髮族的甜蜜幸福

二〇一二年初，才剛過完農曆年。

一天上午，九十歲的日本籍惠子奶奶獨自走進典華二樓的VERA婚紗。

要定期往「婚姻銀行」裡存錢
不要一直領錢
否則再多的存款也會用光

「請問，你們這裡有替人拍週年結婚照嗎？」惠子奶奶很有禮貌地詢問。

「有啊，奶奶，您準備何時要拍？我們可以替您服務，」工作人員回說。

「喔，好的，我回家去拿訂金來，」惠子奶奶微笑點頭，正要轉頭離去之前，不忘又叮囑了一句，「你們千萬不要告訴爺爺要花多少錢喔！」

隔了兩天，惠子奶奶和老伴來拍照，兩人結婚七十年，奶奶找了兩位朋友來幫她打理穿戴全身的和服，爺爺則拿出隨身相機猛拍奶奶，看得出來他們很恩愛。

惠子奶奶珍藏這套和服很多年，都沒機會穿，她略帶惋惜的口吻說，「這可能是我們這輩子最後一次拍週年結婚照。」

能夠幫助惠子奶奶記錄這個重要的時刻，VERA 的工作人員都覺得很有意義。

近年來，典華也幫不少銀髮族夫妻留下甜蜜的紀念。

他們就曾經替一對長輩籌備婚宴，超過七十歲的新郎曾經有過一次婚姻，新娘五十出頭，則是第一次結婚。兩人在一起十年，原先並沒有計畫辦婚宴，但經過朋友慫恿，男方決定把女方正式娶進門。這一天，女方開口閉口暱稱新郎「阿娜答」，表現得非常幸福甜蜜，男方也把整個婚宴過程拍攝的影片，做成備份分贈親友，讓大家一起分享他們的喜悅。

「理性選擇，感性相伴」，是典華傳達給新人的八字箴言。挑選結婚對象一定要理性，經營婚姻生活卻需要感性。對每一對走進典華大門的新人，典華都希望幫他們細水長流地經營婚姻，因為婚姻就像存款帳戶，儲蓄永遠要大於花費，這是所有致富的基本功課。

夢幻嫁衣

一件白紗禮服
的背後

VERA婚紗負責人林禹妏，
跳脫傳統婚紗的框架限制，
堅持以能維持永恆價值的經典設計，
替每位新娘打造最適合自己的那件嫁衣。

電影《二十七件禮服的祕密》（27 Dresses）中，女主角珍（凱瑟琳・海格）一直樂於照顧別人，她擔任女儐相的次數相當頻繁，衣櫃裡有滿滿的二十七件伴娘禮服，但是她內心真正渴望的是能當上女主角，穿上自己的新娘禮服。

片中最令人大開眼界的，是琳瑯滿目的禮服與婚禮儀式，譬如「農場村姑」、「水中嬌娃」、「牛仔很忙」、「馬里布海灘壁花」以及「亂世佳人女僕」等多種造型。這部好萊塢的典型愛情喜劇，自然不負觀眾期望，讓珍終於穿上新娘禮服，嫁給真心愛她的男人，成為婚禮上的最佳女主角。

就像珍一樣，幾乎每個女人都渴望有一件絢麗的白紗禮服，穿著它走上紅地毯，和心愛的伴侶攜手完成終身大事。

典華的VERA婚紗，不僅可以幫助女性完成穿上白紗的心願，而且陣仗排場絕對不輸給《二十七件禮服的祕密》。

貼心的私人試裝室

走進 VERA 布置得十分典雅的空間，迎面而來的，便是一般婚紗公司從未見過的走秀專用伸展台，準新娘可以整裝打扮，在這裡模擬婚禮當天如何走台步。每當準新娘換上白紗禮服走上伸展台的那一刻，幾乎現場每一個人都會為之驚豔。

右邊則是一間間包廂。包廂裡有電腦、絨布沙發，婚紗企劃在裡面為客人提供服務諮詢、造型師和新人討論彩妝和髮型、攝影師陪著挑選照片，確保每對新人的隱私和創意奇想，不會外流出去。而且，在整個過程裡，VERA 都提供一對一服務，不會發生服務人員跑場的現象。

而在現代婚禮中，新郎也越來越重視造型，因此 VERA 也設立自己的西服部門，方便新人不必女裝跑一家、男裝跑一家。

VERA 婚紗在典華成立的時間較晚，還不到四年，由學習長林齊國曾在瑞士念旅館管理的大女兒林禹妏負責。林禹妏雖然未婚，卻能感同身受地為客人創造出許多貼心的服務，在台灣婚紗業中獨樹一格。

其中最讓新人稱道的，是私人試裝室。VERA 的試裝室

新娘才是主角
禮服是來為她加分的

裡有三面鏡牆、換裝小舞台與休息區，整間大小超過兩坪。只要試裝室的門一關，就是個完全獨立的空間，新娘可以在換裝小舞台裡面換裝，然後和禮服祕書、親朋好友或新郎一起在休息區盡情討論、調整。即使服務同仁送來新的試穿禮服，也可以走禮服專用門，不必打開試穿室的門。

「禮服多半要根據新娘的體型再做調整，因此試穿的時候，常常會出現不盡美麗的畫面。每個人都不希望被看見這一面，」林禹妏這樣解釋她的用心。

以設計低調、做工精緻的婚紗，擄獲新人芳心

林珍宇今年五月在 VERA 挑婚紗，之前也去過別家婚紗公司。她比較說，一般婚紗公司很像百貨公司的大賣場，試裝室多半只用布簾圍起來，新娘試穿之後得站在人來人往的走道上和親友討論，而在 VERA 的試裝室裡，「即使穿到不合適的禮服，也不必擔心被不相干的人看見，比較安心。」

VERA 的各種服務都讓林珍宇印象深刻。她和新娘祕

書、婚禮企劃到現在還會互傳簡訊關心，就像朋友一般。不過，最後讓她選擇VERA的原因，是禮服設計。

林珍宇有位朋友對婚紗界很熟悉，知道她正在看禮服準備結婚時，便熱心介紹她一家頗有口碑的婚紗公司。林珍宇看了之後也覺得不錯，便簽了約、付了訂金。

沒想到真正挑衣試穿的那一天，她卻毫無喜色，因為在那麼大的婚紗公司裡，竟然找不符合她期待的禮服。在國外長大的她，對台灣禮服普遍的珠光寶氣、大紅亮金的鮮豔色彩感到頭痛，折騰一番之後，她失望地離開。

直到來了VERA，看到那些設計低調卻做工精緻的禮服，終於讓她有了笑容。於是不顧已經付出的訂金，忍痛和前一家婚紗攝影公司解約。林珍宇將自己的發現推薦給即將過門的嫂嫂，這位準嫂嫂一向很有主見，參考了許多婚紗公司之後，最後也選擇了VERA。

焦點不是婚紗，應是新娘

在西方，新娘禮服款式大都比較素雅，車工剪裁比較合身，採用最多的設計是小 A Line、大 A Line、魚尾裙襬等基本款，強調女性曲線的自然美和個人特色，而不是把新娘包

婚禮是記錄感動
不是藝人作秀
婚紗照就像是傳家寶
表現手法應該很經典

裹得像童話故事的白雪公主。

英國皇室二〇一一年春天在西敏寺為威廉王子舉行的世紀婚禮，凱特王妃當天身穿的就是大 A Line 禮服，用許多蕾絲當裝飾，但沒有用任何珠鑽，風格端莊又不失性感，曳地裙襬長達三公尺。許多國際設計大師們異口同聲稱讚，這款禮服的風格相當簡約，充分展現了凱特王妃出眾的氣質。

林禹妏在加拿大、瑞士住了十四年，深深感受到這種低調高貴之美，便常常反思自己在台灣業界所看到的現象。

台灣的婚紗禮服多數鑲滿了珠鑽，整件衣服顯得珠光寶氣，而且款式做得很誇張，加上層次又多，新娘穿起來顯得累贅又笨重。「只注意到婚紗，沒有把焦點放在新娘身上。禮服永遠大於女主角，這不是喧賓奪主嗎？」林禹妏不禁懷疑。

這種想法在她內心激盪，二〇一一年某天，林禹妏跟學習長說，「我想出去找布料，嘗試自己設計新娘禮服。」

學習長沒有多說一句話，放手讓她去摸索嘗試。

跳脫框架，自創品牌

林禹妏從沒有學過服裝設計，卻給了自己這麼大的挑戰。

為了增強專業知識，她飛到國外到處看展覽、找布料。她很喜歡凱特王妃新娘禮服上的蕾絲，輾轉打聽了好幾個月，得知供應商在新加坡，費盡心思終於找到了那家布商的負責人。

為了不過區區四百五十公分長的五碼蕾絲布，卻如此大費周章。林禹妏用這塊蕾絲布料設計了一款中國式旗袍領、小包袖、大 A Line 的白紗禮服。

VERA 的禮服約有一半出自林禹妏的設計，轉型做婚紗禮服設計師，她自己也很意外，不過正因為非服裝設計科班出身，反而讓她沒有框框條條的限制，不論剪裁、設計、發想，經常能跳脫傳統。譬如，她曾在新加坡家飾店看到一塊淺米色玫瑰圖案的窗簾布，覺得印花、染色都別樹一格，引發她的設計創意，於是就用這種窗簾布設計了一款別緻的禮服。

她也曾挑戰更大膽的設計，譬如從胸前深 V 字開口一直露到肚臍，還有一款禮服除了重要部位三點不露，其餘都用透明鏤空蕾絲紗縫製，可說幾近全裸。沒想到，居然有五十

多位新娘勇敢地穿出去拍婚紗照，非常受歡迎，「很多新娘非常喜歡展現自己的身體曲線，」林禹妏輕笑說道。

除了多元化的設計外，林禹妏在一些平常人不容易注意的細節上，也堅持用高級的手工和材料。譬如，她不會在一件禮服上鑲滿珠鑽，如果真要鑲，一定會選用施華洛世奇的水晶鑽，因為亮度較高、折射較均勻；只不過如此一來造價頗高，林禹妏的最高紀錄是在一件禮服上投入上萬元。而一般業者常使用塑膠假鑽，一包三、五十元，本身亮度不美，而且不耐磨、不耐洗，下水之後就會變得毫無光澤。

代表真誠與純潔的白紗

新娘在婚禮上披戴頭紗與穿著婚紗的歷史大約有兩百年，根據「維基百科」，由於英國維多利亞女王在婚禮上穿了一襲潔白的婚紗，從此，白色便成為正式的結婚禮服。

也有其他記載，這種下襬拖地的白紗禮服原是天主教徒的典禮服，古代很多歐洲國家是政教合一的國體，結婚必須到教堂接受神父或牧師的祈禱與祝福，才算是正式的合法婚姻，新娘穿上白色的典禮服則是向神表示真誠與純潔。

現在很多人為了標新立異，會用粉紅色或淺藍色的新娘

能夠維持永恆價值的設計
通常都是使用最基本的
最自然的元素

婚紗，但若按照西方習俗，那反而是弄巧成拙，因為只有再婚婦女重披婚紗才用這些顏色。

VERA門市經理林岱瑩（Terisa）建議，挑選婚紗最好是在婚期前兩個月，比較能搭配飾品、設計好的造型，而且因為所有的禮服都只有一件，先挑先贏。如果是訂製全新的婚紗，甚至要提早半年，因為單是手工縫製就要兩個月，加上還要向國外採購布料、設計款式，相當耗時。林禹妏做過統計，要完成一次滿意的婚紗攝影，平均一組客人至少要來十六趟，包括挑衣、試衣、梳妝、拍照、看片等，需要的時間其實不少。

沒有不漂亮的新娘

新人上門挑禮服，林禹妏首先會詢問比較偏愛的款式和色系，如果新人沒有特別的想法，禮服祕書會針對新娘的身材提出專業建議。以她們的專業，三十分鐘內，便能精準地替準新娘挑選出三、四件最適合的禮服。

　　譬如，為身材圓潤的人挑馬甲型禮服以雕塑曲線；建議個子嬌小的新娘改穿高腰式、直線條或壓百褶的禮服，以拉長身形。

　　但以上這些都只是基本服務，對林禹妏來說，幫助有特殊需求的新人完成夢想，更是無論如何都要努力達成的使命。

　　VERA婚紗曾經接待過一組新人，新娘因為行動不便，只能坐在輪椅上，試了很多套禮服都不太理想，難免有些沮喪。

　　林禹妏卻毫不氣餒，決定為這位待嫁新娘重新設計。考慮她不能穿下襬蓬鬆、層次感太複雜的款式，否則會顯得下半身臃腫，最後幫她裁剪了一款類似英國凱特王妃簡單大A Line的緞面禮服，再裹上兩、三層蕾絲紗。新娘穿上禮服後喜悅之情溢於言表，這是她今生最引以為傲的時刻，她從來沒想過自己可以如此美麗，於是和新郎歡歡喜喜地去拍了婚紗照。

堅持經典的價值

　　近年來，因為社會風氣開放，婚前懷孕的人大為增加，VERA也有部分業務是為懷孕新娘解決難題，讓她們同樣擁

有美麗的婚紗。

因為懷孕的新娘上圍罩杯通常會變得比較大，四十二到四十三吋很常見，一般禮服都不合穿。她們曾接待一位上圍達四十八吋的新娘，「找禮服找到快抓狂了，」林禹妏開玩笑說，最後用背後綁帶的禮服搞定，中間再加上一塊裡布，以防穿幫。

有些新娘為了在結婚時留下最美麗的模樣，常天馬行空，想出一些很不同的造型。林禹妏就曾遇到一名新娘要求縫製一條兩千七百公分、大約有九層樓高的頭紗；還有一名新娘，希望頭紗做成兩層蛋糕那麼高，結果整個頭部顯得十分龐大。

還有老來俏的新娘，想做Hello Kitty的卡通造型，每件衣服上面都要有大大的粉紅蝴蝶結。

雖然林禹妏會盡量滿足客人的要求，但是每當這種時刻，她也會從專業的角度建議她們調整。因為婚禮是記錄感動，不是藝人作秀，婚紗照就像是傳家寶，表現手法應該很經典。能夠維持永恆價值的設計，通常都是使用最基本的、最自然的元素，而且是用神韻、輪廓、膚質來強調個人特質，而不是用誇張的方式呈現，「否則過了很多年後再拿出

典華幸福機構提供

來看，自己都會覺得臉紅，」Terisa 點出癥結。

　　能夠替新娘打點服裝造型，讓林禹妏得到很大的快樂與成就感。她最喜歡看到的畫面就是，當新娘和伴侶、家人一起來試穿白紗，布簾一拉開，女主角像 Model 一樣站在舞台上，陪同的人不約而同發出讚嘆，「好美喔！」有些新娘甚至會激動地哭出來。

　　「新娘才是主角，禮服是來替她加分的，」林禹妏深信，穿再華麗貴重的禮服都不重要，重要的是要找到最適合自己的那一件。

　　總是忙著幫其他新人設計禮服的林禹妏，也有自己的「祕密婚紗」。那是一件二〇一三年秋冬的新款，象牙白色系，上身和下襬都縫上銀灰色的復古蕾絲，再加上鑲珠鑽的小 V 領，半鏤空的肩頸，透明紗的五分袖……，十分典雅。試衣的那天，每個人都稱讚她「好美，好美！」

　　她仔細收藏著這件白紗禮服，衷心期待自己穿上這款婚紗、當上最佳女主角的時刻，就像她為每一個新娘細膩考量、尋找夢想婚紗的心情。

美味之戰

廚房裡的
紀律部隊

滿足各種口味的要求、應付繁瑣的做菜技巧和出菜程序，
還要端菜盤走位、擺 pose，表演「廚師出菜秀」，
這一群隱身幕後的廚師，為客人創造了不斷的驚喜。

　　每年農曆七月一過，就是結婚旺季的開始，所有典華人
都得開始上緊發條，一路衝刺到過完農曆年。

　　入秋以來的第一個週末，農民曆上說是個宜嫁娶的吉
日。典華婚禮大樓內十五個宴會廳，賓客像流水般進進出
出，每樓層的服務人員都忙碌地整理打點。在後場的廚房，
更是陷入空前的戰局。

　　廚房是一般賓客的禁地，就像是部隊的祕密基地，儲放
著各種重裝備的武器。推開宴會廳富麗堂皇的穿堂門，完全
是另一幅景象與另一個世界，裡面是整列整列的工作檯，像
火車車廂般銜接，爐子上的鍋具起碼二十公斤重，各種大型
盛裝食物的器皿整齊地排列，白色大盤子堆疊在工作檯上，
像是正在列隊等候點名的士兵。

　　典華的後場廚房，堪稱是全台灣最壯觀的廚房之一。
很難形容這裡的感覺，彷彿是帶著一些外太空奇幻的味道。

那些頭戴高帽子、身穿白色工作服的料理師傅，埋首於蒸、煮、煎、炸的鍋爐間，個個都像是身懷絕技的武林高手，不過彈指的功夫，就能變出一道道色香味美的佳餚。

從生存遊戲借位的竅門

三樓的廚房裡，身高一百八十三公分的宴會主廚王國政，半弓著身子，提起一盒盒食材備料往油鍋裡倒，然後拿起鍋鏟來回翻炒幾下，動作熟練而有力，就像指揮交響樂一般，手裡的鍋鏟就是他的指揮棒，正上演著氣勢磅礴的廚房交響樂。

三十七歲的阿政，入行二十年，做起廚房的事一板一眼，工作的時候總是一臉嚴肅，所以那些小廚師都有點怕他。但卸下廚師白袍，阿政卻是個高大英挺的型男，熱愛衝浪，也喜歡玩刺激的生存遊戲，和一般人對廚師的刻板印象似乎搭不上邊。

三樓廚房的牆面上貼著五張Event Order（宴會訂單），分別列出五間宴會廳不同的菜單，一個廳十二道菜，五個廳加起來就是六十道菜。但這一點都難不倒阿政，他就是有辦法搞定，很有效率地把出菜的程序分成幾個段落，哪幾個廳先上哪幾道菜，處理得有條不紊。

「炒一鍋菜同時下二十桌的備料是最漂亮的，火候和調味都可以掌握得恰恰好，如果是四十桌就要分兩鍋炒，」他說，多半是根據經驗，這兩年接觸的「生存遊戲」，也讓他摸出一些分配和防守的竅門。

這天的金枝玉葉廳共有二十二桌，菜單上註明出菜時間：一、西式鵝肝醬拼鮭魚捲，19:10；二、百年偕好合，19:20；三、典華一品拼盤，19:24；四、花膠響螺干貝盅，19:34……；全部十二道，必須在一百分鐘左右全部完成。

滿足每位客人的奇想

廚房起菜時間會影響出菜流程，瞬間各宴會廳要同時起菜，還得配合婚禮的流程協調出菜、停菜的時間；另外，如果是一般用餐，還得應付客人臨時要求的指令，譬如蝦不要太老、菜不要太辣、不要加蔥、不要加蒜……，廚師該怎樣滿足每位客人的突發奇想呢？

「出菜流程沒有對錯，只有方法，」阿政清清喉嚨，做了一個簡短的結論。

再繁瑣的做菜技巧、出菜程序，廚房都有辦法應付，阿政來典華之後，最擔心的反而是上菜時應客人要求表演的

功夫不藏私，典華行政主廚黃世宏（右）教學徒總是傾囊相授。

就像醫生要會開處方
廚師也要懂得如何配菜

「廚師出菜秀」。他們很不習慣拋頭露面，手上端著菜盤還要記得走位、擺 pose，眼神也不知道該往哪裡擺，渾身不自在，就怕菜盤滑下來。幸好，到現在為止每一場都順利過關。

廚房地板難免濕滑，熱氣又四處瀰漫，所以工作人員都得穿上膠鞋或鋼頭鞋止滑，以免在匆忙行走間不慎摔倒。人聲夾雜著鍋爐聲，交織成一片轟隆巨響，每個人都不自覺地提高八度嗓門交談或吆喝著，此時此刻，這裡已是不折不扣的戰場。

廚房裡複雜的分工圖，就像一張軍事戰略指揮圖，守在每個崗位的人各司其職，各有任務。

各司其職的廚房戰場

在典華的中餐廚房裡，差事大致分為兩大類：砧板、爐頭。砧板手下再細分為頭砧、二砧、三砧和最基層的水檯；爐頭則有頭鍋、二鍋、三鍋和基層的打伙。所謂的水檯和打伙，就是學徒。這之中，還有一個「幫開買」。

　　一般人聽到這些，大概已經頭昏了，這是哪門子的名詞？這些人到底是從哪裡冒出來的外星球部隊啊？

　　據說，這個制度是早期一些香港師傅帶進來的，在一般港式餐廳裡都這麼稱呼。每個行業裡都有所謂的行話或術語，就像一支棒球隊，投手、捕手、游擊手……，大家都耳熟能詳這些球員的角色，但一般人很少注意廚師這一行，因為他們大都隱身在後場，很少站到第一線。

　　簡單來說，砧板是負責食材備料；爐頭則是負責油鍋熱炒。通常剛入行的學徒都是從最基層的水檯和打伙做起，然後一關關爬升到另一個階段，準備晉升為師傅之前，先擔任一段時間的幫開買，這個職位既要做砧板，也要兼顧爐頭，算是很吃重的角色。

　　在典華，學習長林齊國曾經明白指出，砧板是公司獲利的心臟，因為這個工作掌控了餐宴的成本，爐頭是色香味的掌控者，出菜順利的關鍵則是「打伙」，彼此環環相扣，若是其中一個環節出了差錯，就會影響全局。

行政主廚總司令寶哥

　　四十出頭的行政總主廚黃世宏是這支部隊的總司令，上

上下下大夥都叫他「寶哥」，聽起來很本土，他卻有個很洋式的英文名字「Bank」。

寶哥最早在力霸飯店廣東菜餐廳當學徒，和十幾位香港師傅學過手藝，十七年前跟了林齊國之後，就沒再換過老闆。能當上行政總主廚，當然不是省油的燈，寶哥除了採買食材、研發菜單，還要負責指揮調度。

寶哥很注重出菜的標準作業流程，每次開菜時心裡都在盤算，「廚房出得來嗎？服務部能準時上菜嗎？」這就如同在前線打仗的士兵，子彈已經上膛準備射擊，後勤的彈藥補給工作要能及時就位，才不會臨場出錯。

尤其碰上大蝦這種食材，更要小心翼翼。因為廚房水檯準備排蝦需要提早半小時，太早拿出來大蝦容易黑掉，太晚又趕不上出菜的速度，餐宴的變數多，必須算得十分精準。譬如，廚房炒一道菜原本只需要五分鐘，一旦要炒三十桌的菜再加上盛盤，就需要二十分鐘，差一點就差很多。

不過，並不是每個廚師都這麼嚴謹自律。

知名好萊塢女星麗塔瓊絲主演過一部電影《美味關係》（No Reservations），在電影中她飾演自我要求嚴格、脾氣高傲的大主廚凱特，有天因為不滿一位客人老是挑三揀四，批

典華幸福機構提供

127

廚房裡有自成一格的定律
環環相扣
其中若是一個環節出了差錯
就會影響全局

評廚房手藝不精、處理牛排的生熟不夠到位，忍無可忍，於是手持一把銳利的刀子，上面頂著一塊生牛肉，氣呼呼地衝到客人桌前用力戳下去，然後脫下大廚的白袍調頭走人。

廚藝是展現主廚的風格和精神，難免有個人主觀，但態度不一定要強勢。凱特是一名非常具有自我意識的女主廚，手藝雖精湛，脾氣卻讓眾人無法領教，最後只好另謀高就。

導正廚師陋習

台灣早期的廚師，工作態度也常遭人詬病，甚至有個眾人皆知的陋習 —— 開刀要送紅包給醫生，辦酒席也要送紅包給廚師。在大多數餐廳裡，廚房是「老大主義」，招惹不得，連老闆都得看廚師的臉色。

廚房和外場服務員吵架更是常有的事，互相責怪出菜順序太慢、寫錯單子等，甚至互動干戈，有些廚師還會結夥打架，喝酒聚賭。

這些年，詹惠琳不時會聽到同業之間互吐苦水，「廚師

非常難溝通，他們都好兇，根本沒有商量的餘地……」

為了維持典華廚師的素質，林齊國花了不少心思。

林齊國早期曾帶過一名廚師阿水，他的手藝很棒，但有一個最大的毛病，就是愛喝酒。他會在上班時和客人喝酒，一喝酒就忘記廚房的工作。每次阿水一喝酒，林齊國都不動聲色，悄悄請櫃檯廣播，假裝有他的電話，然後再找他好好溝通：「廚房正在忙，您去幫忙炒個菜。」阿水人前人後都有面子，一次、兩次之後，行為改善不少。

林齊國私下觀察，廚師雖然難搞，但本性大都善良單純，他們只是因為書念得不多，難免缺乏自信。林齊國將心比心，用循循善誘的方法引導、鼓勵這些廚師。譬如，他告訴廚師，「您就像是醫院裡的醫生，一定要保持衛生習慣，把健康的概念傳達給客人；還有，就像醫生要會開處方，您也要懂得如何配菜。」

為了推廣飲食衛生，典華最早推出中菜西吃的概念，捨棄傳統的大盤菜由每個人用筷子自己挾菜，而是改用一人一份的西餐吃法。如此一來，廚房必須先把菜餚一份一份分好，難免增加複雜的作業程序。可想而知，要請這些廚師改變行之已久的做法，肯定立刻遭到反彈，但林齊國耐著性

典華幸福機構提供

子和他們溝通，解釋這樣做的好處合乎個人衛生，又能帶動
提升飲食文化。久而久之，廚師們不再抗拒，配合度相當良
好，同業也紛紛仿效跟進。

氣質大不同

　　長期受到企業文化耳濡目染的影響，典華的廚師個個平
易近人，待人接物知所分寸，也都很有禮貌。

　　有一回，典華承辦一項大型論壇餐宴，因為需要跨菜系
的支援，有一家知名的餐館派了幾位廚師來支援。這幾位老
兄口裡嚼著檳榔、奇裝異服、舉止誇張，還不時飆三字經，
與平日典華師傅的氣質差異甚大。

　　有名女同事見狀，慌張地跑去找寶哥，「這些橫眉豎眼
的人是誰啊？」

　　「是外面餐廳來支援的，」寶哥氣定神閒地回答。

　　「我想說，您的部隊怎麼會變成這樣？」女同事鬆了一
口氣。

　　「哪有可能，」寶哥的語調充滿自信，「我們是有紀律
的部隊！」

　　寶哥親自帶領一百一十位廚師，相當於軍隊中一個連的

規模，身為行政總主廚，寶哥不但毫無身段和架子，還非常具有草根性格。他經常掛在嘴邊的一句話，「社會事眉眉角角，角角相連。」這句話的意思是說，在社會上工作有許多訣竅，環環相扣，待人處世的每個細節都要留意。

除了手藝好、管理好，寶哥也很懂得做人，善於美言，常主動稱讚廚房裡的中年歐巴桑，「您今天怎麼這麼漂亮？整個典華我最關心的就是您……」逗得那些歐巴桑開心極了。不少典華人發現，在同仁用餐時，寶哥的桌上常會有「粉絲」拿給他享用的私房菜。

寶哥還有一項過人的絕活，就是擁有超強的記憶力，隨時可以背出同事和廚師們的手機號碼。還有，典華三十多年來開發的幾百道菜，一般同事都要看電腦資料或菜單提醒，他則全部輸進腦袋裡，而且精準無誤。

他平常在外場跟人嘻嘻哈哈，回到廚房就變得很嚴格，不時對幾個主廚耳提面命，再由主廚去盯手下的人。受到林齊國的影響，寶哥即使教訓人也是私下講，不會當面讓對方難堪，讓他在別人面前下不了台。

這些年來，典華一直在擴張，工作量越來越多，責任也越來越大，一般較具規模的五星級飯店，最多不過五、六

雖然很累
但功夫學到了
都是自己的

個宴會廳，寶哥卻要管五個樓層、十五個宴會廳，動輒席開超過三百桌，如果十五廳全滿是五百五十桌，最高紀錄一天午、晚餐加起來是一千多桌，這麼高的出菜量，堪稱打遍全台無敵手。

「全台北市沒有一個主廚有我這種經驗，」寶哥一手拖著腮幫子，態度謙虛地說，「不是我厲害，我又不是千手觀音，而是強將手下無弱兵，是因為他們才襯托我的驕傲。」寶哥笑說，典華的師傅，幾乎個個都練出好身手，因為耐操，又打過不少大陣仗，常有同業來高薪挖角。

新秀輩起

年紀輕輕才十八歲的陳政杰，是廚房裡的後起之秀。他從高職建教生一路做到二打伙，跟著寶哥經歷過不少大場面，他手腳很快，領悟力也高，幹活又勤勞。「還有很多功夫要學，」身材高大的政杰靦腆地說道。

政杰負責一樓宴會廳的小吃，每天早上比規定時間提早

十五～二十分鐘到班，先把前一晚清洗好的鍋具全部擺好，因為師傅來了馬上就要用。九點半，他開始熬湯，十點做土司盅，十點半準備同仁用餐，十一點回到廚房繼續幹活，做海鮮焗飯。飯先由三鍋炒好，政杰再把汆燙過的蝦仁粒、干貝粒放進飯裡，然後鋪上奶油月桂葉、蒜蓉、義大利香料，最後才放入鍋內蒸，全部的工作必須在中午十一點半客人陸續進場之前做完；下午兩點到三點半是午休時間，三點半起來幫同仁做晚餐，四點半同仁吃飯，五點回到廚房，再走一遍早上的流程，直到晚上九點下班，整天忙得不可開交。

以政杰的年紀而言，做到二打伙算是爬得很快，繼續往上升就是頭打伙、幫開買、爐頭，三十歲爬到主廚指日可待，「我怕浪費時間，趁著年輕，還經得起被人罵，盡量多學。」這個十八歲的小夥子，已有大人的世故穩重。

二十五歲的鄭永昱，也是「明日之星」。不像政杰那樣高頭大馬，永昱長得比較斯文秀氣，身材瘦長，也是少數還沒練出虎背熊腰的料理師傅。他念高職時讀資訊科，因為不喜歡坐辦公桌，上班會打瞌睡，決定改行走餐飲，以前在西餐廳做過內、外場，大部分時間在煎牛排或炒義大利麵，來典華之後，目前擔任水檯，負責備料，手下帶了五名學徒。

　　寶哥稱讚永昱殺魚的刀法乾淨俐落，魚片切得均勻美觀。永昱平均一個月至少殺一千條魚，講起「殺魚經」頭頭是道，先去魚鱗、清洗內臟、開背、從魚尾劃到魚頭，然後把魚翻到正面，再用魚刀在胸前的位置畫出一個對角五公分的叉，讓魚肉可以快熟。通常，一條三十公分的魚約需十二～十五分鐘可蒸熟，大石斑則要多個兩、三分鐘。

　　永昱說，刀工用得好訣竅在於手握刀柄的穩定度，一支魚刀長約十五公分，重約一公斤，是一般家庭水果刀的兩到三倍。一開始殺魚他的手會發抖，所以常找空檔練習刀法，因為每天殺魚的量很大，很快就增加熟練度，一個星期後就能上手，「雖然很累，但功夫學到了，都是自己的，不管以後走到哪裡，人家都是要看你的手腳功夫。」

　　九點多，廚房裡走完最後一道菜，廚師們結束手上的工作，卸下了一整晚緊繃的情緒。

　　宴會廳裡的婚宴已在倒數計時。幾位廚師挪身到一樓後巷的門口休息，片刻之後，阿政提起玩生存遊戲時曾看過一句話，「戰爭就像還沒打開的門，你完全不知道後面會發生什麼事，」他頓了兩秒，做了最傳神的比喻，「廚房起菜也是一樣。」

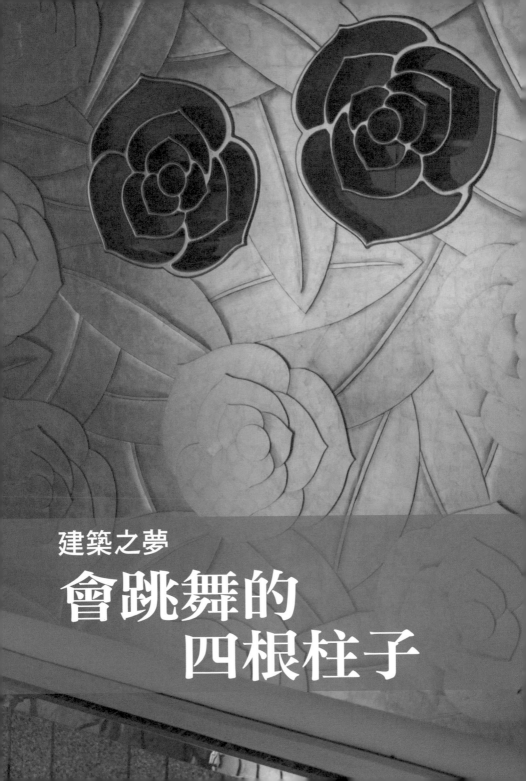

建築之夢

會跳舞的
四根柱子

林齊國一心想要蓋一棟婚禮大樓，

整合婚禮儀式、喜宴場所和周邊服務，

二〇〇八年，克服找地及設計的各種難題，

典華旗艦館落成，林齊國的夢想成真，

台灣的新人終於能像在國外般，享受專屬的場所和服務。

今年秋天，似乎特別多雨。

人們或許會因為下雨，減低出門的興致。不過，如果黃曆上是個好日子，即使下雨天，還是可以看到在各大飯店的宴會廳趕著參加結婚喜宴的人潮。

若是搭乘台北捷運文湖線，在劍南路站下車，一走出車站，很難不注意到典華這棟吸引眾人目光的透亮婚禮大樓。不論在台北市或其他縣市，櫛比鱗次的商業大樓與百貨商場區中，幾乎很難看到一整棟專做婚宴的大樓，而在寸土寸金的大直商圈，大手筆打造的這棟建築物，儼然已成為這一帶的地標。

興建一棟台灣前所未有、專為婚禮打造的大樓，一直是學習長林齊國的人生大夢，也是他這輩子義無反顧的理想。

林齊國屢次去日本、歐美等地考察，總是羨慕國外到處都有獨立而專門的婚宴會館，而且蓋得美輪美奐，台灣卻連一個像樣的宴會廳都沒有；就算有，也是附屬在五星級大飯店內，費用很高，不是一般人都負擔得起。

林齊國自己是刻苦出身，他始終認為，自己的事業應該走大眾市場。優質的婚宴環境不該只是少數金字塔頂端獨有的專利，他要讓更多消費者享受得起。

他一心想蓋一棟能將婚禮儀式、喜宴場所和周邊服務整合在一起的婚禮大樓，但光找地就耗去不少時間，而且始終沒有讓他滿意的地點。後來，經人介紹，他找到大直美麗華商圈的一塊空地，那時候，附近只有少數幾棟建築物，林齊國卻一看就很喜歡，直覺告訴他，「就是這裡了。」

一切只為量身訂做

「為什麼要租地蓋房子，而不是租一棟現成的呢？」很多人不解地問他，因為一旦租約到期，自己投資的建物不是得拱手送人嗎？

這似乎不是林齊國的首要考量。他總是雲淡風輕地回答說，「這樣才能量身訂做，真正符合我們心目中的理想。」

　　如果租地蓋房子，一般人為了成本考量，都是能省則省。譬如開保齡球館，隨便搭個鐵皮屋，只要能用就好，不太會去使用堅固耐用的永久性建材。

　　林齊國規劃的卻是一棟永久使用的建築，他考察幾個世界結婚的熱點，譬如日本、夏威夷、關島、拉斯維加斯、澳門等，認真研究他們如何設計婚宴會館。「他想要一個代表作，」從蘆洲珍寶時期起，已與林齊國合作長達十七年的室內設計師Irene，十分清楚他心中的願景。

　　幾乎每個人都力勸林齊國「要三思」，更多人疑惑地問他，「你這樣做，要等到何時才能回收啊？」

　　他據實以答，「可能要等到租約到期才會回收。」

跨過別人越不了的門檻

　　也有業界的人嘲笑他「頭殼壞去」，所有投資專家在在耳提面命，雞蛋不能放在同一個籃子裡，如果手上有那麼多錢，不應該都砸在同一棟大樓上，而是要多開幾間分店，分散風險。

　　林齊國並非不顧死活的賭徒，租地蓋大樓是經過長期深思熟慮才做出的決策。顯然，他的「感性」又發作了，「這

若不想做，會找到很多藉口
若想做，會找到一個方法

就是別人跨越不了的門檻，人生能做出一些理想才有意義，只要是做對的事，我不相信賺不到錢。」

他計算過，在台灣蓋一間容納一百桌的宴會廳，一般花費約需六～八千萬台幣。典華這棟旗艦館占地一千六百坪，大小宴會廳十五間，總桌數五百五十桌，初步估計施工、裝修加設計，約需八億台幣。然而，隨著工程逐步進行，成本也一路追加，最後竟然花了近二十億。

為什麼最終會投入這麼多資金？

「這棟樓的量體實在太大了，在台灣又是一個全新的概念，一切都是無中生有，沒有前例可循，」設計師Irene透露。

而且，林齊國非常在意人員進出的動線與現場操作空間，設計圖一改再改，即使只差幾公分也不行。「包括空調、水電、木工、水泥等，光是草圖、手稿、平面配置圖，就畫了上千張，」設計師Irene雙手一比，這林林總總的圖檔疊起來大約有三十公分高。

想做，就會找到方法

從租地到完工，費了將近四年，二〇〇八年，「典華旗艦」館終於落成。

掌聲得來不易，為了讓場地更氣派、更舒適，典華砸下不少成本。

譬如，一進大門就是挑高十一米的大廳，各層樓也都挑高六～八米，六樓還有十一米高的主宴會廳，犧牲了很多原本可以用來營業的空間，但是再多的客人站在這裡也不會有壓迫感。

另外，為了讓大部分的客人都能毫無阻礙地看到台上的婚禮活動，每間宴會廳都盡量減少柱子，免得擋住視線。如此一來，柱子的跨距勢必得加大，所以一定要用很粗的鋼骨結構，材料自然所費不貲。

大樓內還設立了四間不同風格的結婚儀式堂，其中兩個是露天的，以滿足不同新人的需求，而且結婚儀式堂只提供在典華辦喜宴的客人使用。

跟一般婚宴場地相比，典華不但大樓建材用最好的，設備、裝潢也花了不少心思。譬如：整棟大樓用了很多光纖、LED燈，節能又有流行感；外觀帷幕用香檳金強化膠合玻

璃，金色代表喜氣，材質又有隔熱效果；外牆面用環狀玫瑰型雕塑提升立體感；一樓大理石地面獨創的「幸福花朵」拼花圖案，還得到建築地材設計獎。總而言之，就是要讓所有人一踏進典華，立即感受到幸福華麗的氛圍。

「他就是義無反顧，傾其所有，只能成功，不能失敗，」Irene跟林齊國合作過八、九個案子，發現他的字典裡幾乎沒有「失敗」這兩個字，每一個事業都做得很成功，「他的思考角度和一般人不同，嗅覺非常精準，」她佩服地說自己很少碰到這樣的企業主。

大樓施工期間，每天都有很多難題要面對，總是會遇到大大小小的麻煩要解決，林齊國怕大家輕易放棄，於是在一樓工務所內張貼了一張標語勉勵團隊：「您若不想做，會找到很多藉口；您若想做，會找到一個方法。」

挑戰不可能

細心的人可能會察覺到，典華一樓宴會廳「玫瑰庭」的四根柱子會跳舞。這背後也有一段挑戰工程的故事。

「這四根鋼骨柱，是設計團隊碰到最棘手的問題之一，」Irene回想，四根面寬一百二十公分、高度十一公尺的柱

子，整體的立面看起來像四個頂天立地的巨人，因為太過龐大，矗立在大廳內總是覺得礙眼。

那時，典華大樓已落成啟用，他們仍然決定將四根堅硬的巨人柱子來個變裝秀，試著為它們換上款款裙襬，做出魚尾裙的弧度和曲線；一旦換上不同風情和姿態，巨人般的柱子就能解除壓迫感，變得輕盈多姿。

設計師跟工程人員談起這個構想，每個人都搖頭，「這是自找苦吃，妳絕對做不出來。」

「我就是要想辦法做出來，」她了解林齊國的期望，還有那張貼在工務所的標語，下定決心要找出方法來。

足足過了兩個月，那四根柱子的問題還是沒有解決。設計師和工程人員似乎一籌莫展，林齊國卻沒吭氣。

後來設計師想到，也許可以利用人造雲石一片一片地貼上去。但人造雲石經過切割之後，還要烘軟才能做出理想的弧度，團隊找了有經驗的老師傅，用盡各種方法嘗試，包括火烤、熱水浸泡……，不斷測試效果。有一段時間，設計師幾乎以為無解。

在這種不輕易放棄的精神之下，工程當然順利完成。後來，有一天，設計師半開玩笑地問林齊國，「你怎麼知道我

典華幸福機構提供

能夠做出來？」

林齊國回答得很妙，「我看到您的表情，就知道您一定可以。」

林齊國的奇想，可不只這一樣。

典華大樓的頂樓陽台，設計了一區紅色的「愛的拱門」，以及四十隻象徵比翼雙飛的幸福鴿，四周還有使用自動瓦斯系統點亮的火炬，如果在傍晚微暗的光線下，火炬燃起，非常詩情畫意；萬一發現瓦斯外洩，也有自動關閉的安全系統。這是林齊國在澳洲墨爾本Grand Plaza賭場考察時產生的靈感。

「他永遠是一個充滿童趣的好奇者，把所有新奇好玩的事，統統放進他的城堡裡，」設計師Irene形容。

讚嘆驚呼連連

除了林齊國與設計師Irene，婚紗攝影師周德弘（Ken）大概是少數更能深入洞悉這棟大樓每一個設計細節的人。

林齊國曾聽王品集團說希望自己的餐廳是一家「哇哇哇」餐廳，他也希望每一個走進典華大樓的人，都能「哇聲不斷」。第一個「哇」是，宴會場地真是豪華氣派；第二個

人生能做出一些理想才有意義
只要是做對的事
我不相信賺不到錢

「哇」是，婚禮過程如此精彩感人；第三個「哇」是，價錢非常公道合理。

　　Ken第一次走進典華的大門時，就是帶著很多「哇」。他剛來VERA擔任婚紗攝影師的時候，覺得這棟大樓的風格真是多變，在不同時間，經過每一個角落，都會有不同的驚豔。

　　攝影師除了棚內作業，經常必須四處勘景，找適合的場地拍照，而經過一段時間的探索，Ken讚嘆地下了結論：「這整棟大樓都可以變成攝影棚。」

　　舉例來說，他個人最喜歡走進屋頂和電扶梯內，觀察陽光穿透大樓產生的光影變化，每次都會激發他不同的構圖。

　　有一次在陽台看到飛蝶圓頂裡的夕陽，突然感覺待在裡面的人像被融入天地間，於是他刻意把新人拍成剪影。他透露，這個鏡頭比拍清澈的藍天白雲還困難，因為天空只要出現一些雲層，光線就會變得模糊不均，做不出剪影的效果。

　　他在大樓裡探索每一個角落，自以為已經摸得很熟了，

但每次看到新的光影變化，還是不由得從心裡又「哇」了一次，心想，這又可以設計成一個新的拍攝角度。

大樓裡極佳的空間設計，讓陽光不受建物的局限，仍然能保有自然的變化。有時候，他也不免苦惱，真的很難構思「明天到底要拍什麼」，因為誰知道在這棟大樓裡，什麼時候又會冒出什麼驚喜讓你「哇」個不停。

專門報導結婚產業的雜誌《新娘物語》來採訪典華，Ken帶著他們繞過一遍典華大樓，想當然耳，也是一路「哇」聲不絕，他們用了整整五頁來介紹這棟婚禮大樓內部的設計裝潢和機關巧思。

典華十景

Ken後來也歸納出「典華十景」，對想在人生重要時刻留下美麗身影的新人來說，這些景，都為他們創造了不少驚喜和感動。

一、飛蝶圓頂

通常，這裡是他拍攝婚紗的首站。早上十點左右的光線是順光，最能拍到藍天白雲的畫面，呈現玻璃明亮的感覺，還可以拍到完整的半圓形教堂屋頂。

二、圓心儀式堂

Ken 喜歡在儀式堂拍攝婚禮儀式的動作，譬如模擬新人行進的畫面，攝影助理還可以在一旁幫忙撒撒花瓣。他也發現，大概是受到環境的影響，新娘一旦來到這裡，都會要求新郎單腳下跪，隨機表演一段求婚。有些新郎相當配合，有些則會害羞地板起一張臉說，「不跪，這樣讓人家看到很沒面子。」

三、空中花園

這裡有幸福鴿及紅色拱門，背後有大藍天的對比色，再配上新娘的白紗，「鴿子就是該在藍白中飛翔，」Ken 打了一個比喻。

寬度超過六公尺的「愛的拱門」也是如此，色澤鮮豔，波紋狀的線條感很特別，有點像是多層次的愛心。在十六釐米的鏡頭下，拱門會變得更雄偉，新娘的裙襬幅度也會變得更大。

四、透明電梯、時尚手扶梯與 DEN Café 咖啡廳

這是典華的獨門特有，而且非常具有都會時尚感，八、九成的新人甚至指名一定要拍到透明電梯。Ken 有時會模仿電影《向左走·向右走》的手法，故意在電梯口製造一種男

女巧遇的戲劇效果。其實，這也是真實發生在這棟大樓裡的故事，有一對來拍婚紗的新人的確是在典華參加尾牙時認識，進而交往、相戀、結婚。

DEN Café咖啡廳旁的透明蛋糕櫃也可以用來說故事。新人在這裡挑選甜點，在咖啡座喝咖啡，不必用套版公式要求新人在固定的位置上，臨場效果就會讓新人不自覺地流露出甜蜜情感。

五、「大唐昭和」廳和「藏真」廳

這兩間宴會廳最具時尚中國風，裡面是一片喜氣洋洋的東方紅，有鏤空的金箔、古代的花園如意壁飾，天花板還裝飾了整片華麗的仿珠寶等。新娘如果穿上旗袍或中式禮服，背後這些金碧輝煌的場景就能為她烘托出完美的古典美。

六、洗手間

你沒有看錯，洗手間的確是典華的一大景點。尤其是六樓，牆面採用亮黑的色彩，四周全是鏡子，還放置了一些小檯燈，「簡直就像狂野奔放的夜店，一走進去就像進了

pub，可以在裡面喝酒、開party，」Ken加重語氣形容。

五樓洗手間則是完全的中國風，很像是進了花轎或是茶藝館。雖然，當初設計這些洗手間不是為了拍照，但因為風格太特殊，每一對走進來的新人都忍不住「哇哇叫」，而且幾乎都要求到此一拍，他們事後帶朋友來看片，大家也都不可置信，非要衝到洗手間去眼見為憑。

Ken表示，很多婚紗攝影師要拍特殊風格的畫面，常會跑到汽車旅館取景，但在典華，什麼都有。

七、星光大道

這條星光大道位於五樓的「繁華似錦」廳，是在透明的走道下鋪了一大片光纖，如果把室內的燈光全部關掉，只留下星光大道上光纖的燈，就會看到它自動變換出七彩光芒。

為了呈現星光大道的質感，新人的部分Ken先用六十分之一秒閃光燈定位，再用兩秒的時間增加地板的曝光，就能拍出坐在五彩繽紛的水中世界的效果。

八、會跳舞的柱子

Ken直到很久以後才無意間注意到，一樓大廳的這四根柱子居然都穿上了魚尾裙襬。從二樓的玻璃窗望下去，Ken仔細解說著，如果把桌椅全部搬開，就是近三百坪的舞池，

典華幸福機構提供

他拍過一次新人進場，他站在二樓，從舞台的正前方打出一道光束直接照在新人身上，旁邊的賓客只有隱約的輪廓，如米粒般大小，新娘的裙襬差不多有桌面那麼大。這時，四根柱子閃出淡黃色的光柱，做為背景陪襯很柔和，「就像是四名幸福的守衛。」

九、廚房

只要是廚房不忙的時段，也可要求到此一遊，關於這點，Ken很自豪，典華的任何空間都可以為新人服務。

他曾請廚師騰出一張工作檯，布置成西餐廳的味道，擺了紅酒、餐具、桌花，當天有五、六名廚師正在忙著幹活，Ken邀請他們一起入鏡，每個人都很興奮，因為從來沒有新人進過廚房拍婚紗，對大家都是非常另類的回憶。

十、停車場

一般大樓的停車場都很髒亂，典華的則是井然有序，通風、光線也都不錯。Ken指出，在停車場拍婚紗可以很個性，或者很頹廢，拍出搖滾味，新人也能將愛車開進來一起入鏡。他曾經找了一條五公尺長的紅色彩帶，一端綁在車頭，另一端則請新人握著，新娘穿著迷你短裙的白色婚紗，這畫面，十足的活潑俏麗並帶點野性。

每次帶著新人拍完這一大圈，完成典華婚禮大樓一日遊，大都已接近傍晚六點。

工作完畢，Ken有時會獨自跑上頂樓，吹吹涼風，也看看天邊的夕陽，構思明天大概要拍哪些畫面。

當夜幕越來越深，千萬不要以為這一天就要結束。直到晚上九點，大直商圈的人群依舊一波一波如潮水，那些閃爍在夜空裡的LED招牌五彩燈，也絲毫沒有熄燈打烊的跡象。站在頂樓陽台，豎起耳朵，甚至還能聽到隔壁百貨廣場的門口，薩克斯風樂手正在吹奏著一曲接一曲的浪漫爵士樂。

學習型組織

好企業
就是好學校

相信比爾・蓋茲所說的,「學習的人領導不學習的人」,

二〇〇二年,林齊國把頭銜由「董事長」改為「學習長」,

並且用各種方式鼓勵同事學習,

把企業導向學習型組織。

如何判斷一家企業的優劣?

很早以前就有這樣的一句話:「企業不賺錢是一種罪惡。」管理專家們會舉出一堆數據報表與獲利能力,並且總結:會賺錢的公司才是好企業。

不過,一家企業的存在絕不是為了賺錢而已,如果不能為社會創造其他的附加價值,那麼無論是多一家或少一家,就都不怎麼重要了。

一家好企業,通常也是一間好學校,主管也要當好老師,才能提供教育訓練的機會,讓同仁在工作中既得到合理的金錢報酬,又能有所成長,顧客更是相對得利。

無庸置疑,典華的出現改變了傳統喜宴的生態,提升了婚宴行業的品質與高度,也創造出一種新型的婚宴文化。

在典華,人人都知道學習長林齊國非常支持同事任何的

學習機會，很少考慮教育訓練的成本，只要認為是對的，就去做了。據估計，包括師資、時間、場地等支出，典華一年在教育訓練上投入的成本，就超過三百五十萬。

提供嘗試的機會

七、八年前，婚禮企劃部門從日本參訪回來，提出「婚禮體驗日」的構想，打算邀請七十七對準新人免費體驗模擬婚禮。籌辦這個案子的 Patty 用計算機來回敲了好幾遍，吐吐舌頭，「哇，這得花不少錢哩！」企劃案送到林齊國那裡，他把預算欄用手遮起來，看都沒看一眼，只回問了一句，「那大家在籌備過程中學到了什麼？」

那一次的婚禮體驗日變成典華日後舉辦大型活動的雛形，「那時，我們不過是剛出校門不久的毛頭小鬼，就能挑起這麼大的任務，」Patty 回想，這個企業的最大優點之一，就是企業主不會凡事以利益導向，而且充分授權，鼓勵年輕人勇敢嘗試，即使犯錯也是一種學習。

Patty 算是典華的資深同事，有時和朋友聊起彼此的職業，大家都羨慕她有一份很好的工作。她根據自身經驗建議，若是企業經營者只圖謀個人私利，只想把賺到的錢放進

自己的口袋，不拓點、不加薪、不訓練，還是盡早把這種老闆開除得好。若是這個企業能夠提供源源不絕的學習機會，有持續向上發展的空間，就很容易留住同仁，「工作起來很有成就感，」已經升上部門最高主管的 Patty 十分樂在工作。

很多老闆擔心花錢訓練同仁是在替別的企業培養人才，等到同仁羽翼一豐，就會自抬身價跳槽。但是，典華不太擔心這樣的事。

在過去五年內，典華一級主管流動率一直保持在個位數，整體向心力非常高。

沒有董事長，只有學習長

二○○二年，林齊國決定把頭銜由「董事長」改為「學習長」，自此以後，典華就已經很清楚地把企業導向為一個學習型組織。

起初，林齊國向同事提出學習長的頭銜，大家都不表贊同，因為覺得不順口，「叫起來怪怪的，」有同事向他反應。但林齊國不死心，特地撥了長途電話給當時還在蒙特婁念大學的大兒子 Van，「很好啊，很有新意，」Van 非常支持老爸的獨門創意。

典華幸福機構提供

典華幸福機構提供

「只要有一個人贊成就好，」林齊國心想，第二天開始，典華出現了一個「新同事」向大家自我介紹，「各位好，我是學習長！」

林齊國是很有自省能力的人，深怕自己因為位高權重，結果倚老賣老，企業變成「一言堂」。他受到比爾‧蓋茲的影響，「學習的人，領導不學習的人」；他也在《第五項修練》裡讀到一句話：「全世界的領導者，都在學習中。」既然要建構學習型組織，就需以身作則，更名為「學習長」就是要自我提醒，必須更謙卑地學習，因此，到處找尋學習的方向和對象，就成為林齊國的目標。

因為學習才改變了命運

無論在公開與私下的場合，林齊國總是不吝於和人分享過去的經驗，他這輩子就是因為學習，增強了自信，也改變了命運。

他小時候念書成績不好，留過級，又生性害羞，不擅言詞，常覺得很自卑。十九歲時他來台灣念專科，畢業之後返回寮國，但不過三年，因為寮國境內戰亂，被迫離鄉背井，兩手空空再次來到台灣，一切從零開始。雖然之前曾在台灣

念過書，但林齊國的國語說得並不太靈光，台語更是半句不通，但他想到既然決定要在台灣打拚，一定要盡快融入本地的語言和文化，所以沒事就跑到長老教會，跟著牧師一句一句學台語，才漸漸打下基礎。

後來他從事餐飲業，加入獅子會，一方面學習組織領導技巧，另一方面也是為了磨練膽量。在社團裡免不了偶爾要上台說話，他剛開始站在講台上，舌頭打結，緊張得連一句話都說不出來；即使照著稿子唸，都可以察覺自己的手腳在發抖。但他用心觀察別人怎麼說話，私下也勤做練習，改正自己的缺點，逐漸克服了恐懼，進而產生自信，說話越來越流暢，不論在公開場合演講或是接受媒體採訪，都能侃侃而談。

讓人又愛又恨的學習長

林齊國做了餐飲業之後，因為自覺是門外漢，從國內到國外，到處請益，出國考察也不放過任何學習的機會。

這期間，就曾經發生過一次糗事。他每天都很早到餐廳，照例裡裡外外走一遍，看看同事們都在做什麼、是否需要幫忙，順便藉此熟悉餐廳各部門的工作。有一天，一

只要願意學習
每個人都有機會改變命運

位同事突然很生氣地大聲質問他:「你每天都跑來監督我幹嘛!」他一時愣住了,接不上話,但馬上想到對方一定是誤會了,趕緊解釋不是監督,而是因為不懂,想在一旁觀察學習。多年後,這位同事公開向他致歉,覺得自己當時的態度非常魯莽無禮。

跟林齊國一起出差的同事,對他也是又愛又恨。他們去日本參訪魚市場,因為魚貨量太豐富,很多品種都沒看過,學習長可以從天黑走到天亮;去拉斯維加斯旅行,他半夜兩、三點不睡覺,但不是飲酒、狂歡、玩吃角子老虎,而是到處去看人家飯店的裝潢設施,甚至連廁所、廚房和倉庫都不放過。

林齊國無時無刻都在把握任何學習的機會,使得他的眼光和想法始終能走在別人的前面,當同業還在安於現狀,他已經積極思考如何讓企業轉型。

他深信,只要願意虛心學習,每個人都有機會改變命運。他以身作則,帶頭示範,也在背後鼓勵督促同仁學習,

典華幸福機構提供

除了一般的業務或服務人員，甚至在後場廚房工作的廚師，也想盡辦法把他們推到第一線，磨練說話的口條與技巧。

全面改造，全員學習

二〇一一年，林齊國的大兒子 Van 加入典華，擔任「整合長」，典華從此開始進行全面改造。

二〇一一年十月到二〇一二年九月，對典華而言是很關鍵的一年，他們在內部推動各式各樣的課程，範圍包羅萬象，除了硬梆梆的管理績效，也開設音樂欣賞、美術欣賞……，「因為做婚宴嘛，不能對美學沒有感受，」他們對同仁解釋開課的目的。

在典華，學習就像「呼吸」一樣，成為三百餘名同事不能或缺的事。當時，受邀參與策劃這項改革計畫的企業教練林惠蘭，發現一個很有趣的現象，每個月最後一個週四下午兩點半到四點半，固定辦讀書會，開放同仁自由參加，「結果來了一堆小廚師，個個都很有學習精神。」

管理學上有一個「斯格模德曲線」（The Sigmoid Curve）理論，是由愛爾蘭的管理哲學家查理斯‧韓第（Charles Handy）在《充滿弔詭的年代》中提出的。這位被《倫敦金

融時報》譽為歐洲最偉大的管理大師，提出一條類似拋物線的曲線，強調「企業或個人不斷成長的祕訣，就是在第一條斯格模德曲線走下坡之前，開始另一條曲線」，因為那是企業或個人最有時間、資源和精力的時機。

韓第分析，開始第二條曲線最恰當的時間，應是在第一條曲線將到頂點而未到頂點時，企業或產品就應開展第二可能性，發展出新的第二曲線，才能在下一個巔峰來臨時，快速或順利度過初期的試探以及可能產生的風險。譬如，市場上最成功的例子，iPhone 4才剛上市，iPhone 5就呼之欲出了，若等產品到達熟透期才想下一步，不是時間不夠了，就是資源不夠了，或者精力不夠了；總而言之，一切都太晚了。個人生涯也如是。

只能被拷貝，不能被超越

「他們很怕『輸』，」林惠蘭觀察典華人有一個共同的特質，就是自我鞭策一定要跑在別人的前面，他們常說「典華可以被拷貝，但是不能被超越」，不願辜負自己在業界執牛耳的地位。

林惠蘭長期在企業授課，很少看到一家婚宴公司這麼注

主管帶領好年輕的部屬
並且傾囊相授
就是在建立一種
「共好」文化

重學習，其實典華早已跳脫傳統婚宴產業，而是進階到整合性的服務業。「他們的對手不是別人，而是自己；不是要把別人踩下去，而是要求自我超越，」林惠蘭深入觀察，稱讚典華人「就是很單純的一群人，很簡單地相信一些事，並且努力達成。」

「共好」文化

轉型不是沒有經過陣痛，內部也出現過一些反彈。

「我們本來做得好好的，幹嘛要大費周章做這些改變呢？」一些資深的同事，抱怨連連。

林齊國要求各部門主管要輪流上台，拿著麥克風做簡報或講課，一名資深的協理很不能適應，嚷著要提出辭呈；還有一名主管，因為覺得上台壓力很大，當場忍不住哭了出來。

面對接踵而來的逃避現象，林齊國還是很堅持，但態度委婉，使出各種方法和手段，用騙、用拐、用激將、用鼓

對手不是別人
而是自己
不是要把別人踩下去
而是要求自我超越

勵,而且還要不著痕跡,以免造成更大的人事動盪。

其中,他們最大膽的嘗試,就是決定將餐飲內容建立系統化,積極推動廚藝經驗傳承,並且落實到每一個細節,形成內部的「SOP」(作業流程標準化)。

餐飲這一行,尤其是廚房,過去幾乎都是由師傅帶徒弟,很多師傅怕徒弟偷學功夫,所以故意藏私留一手,每個徒弟都得各憑本事摸索。但林齊國認為,典華大廚們不該有私心,要像其他部門一樣,主管帶領年輕部屬時傾囊相授,就是在建立一種您好、我也好的「共好」文化。

深藏不露的功夫

他們半強迫、半鼓勵地把大廚們推上講台,行政總主廚寶哥(黃世宏)露出一臉難色,「當初就是不喜歡讀書、不會做報告,我們才會來做廚師啊!」

「以後年紀大了、體力不行了,不能再繼續賣勞力,就要懂得教人,」學習長替寶哥加油打氣。

寶哥拿著麥克風，硬著頭皮做了生平第一場個人秀。結果，大家赫然發現，站在講台上的寶哥非常具有個人魅力，而且結尾處不忘來幾句歇後語，逗得大夥開懷大笑，讓人深刻領教到寶哥深藏不露的功夫。

　　除了寶哥，宴會廳總主廚阿政（王國政）也不是省油的燈，大家一致公認是有潛力的明日之星。

　　阿政負責為各部門同事講授中國八大菜系，早上九點的課，他七點就提早到現場演練。阿政把八大菜系的分類、典故、做法，講得清清楚楚，一點都不枯燥乏味。「他那堂課講得真是好，」林惠蘭印象十分深刻，一個小時的授課，阿政至少花了兩到三週準備，而且事前演練了兩、三遍，非常慎重其事。

木訥主廚的震撼教育

　　行政副總主廚阿慶（張弘慶），也歷經了這輩子最深刻的震撼教育。阿慶和學習長一樣，生性害羞內向，一向不多話，除了公事上與人交談，甚少與人聊天。有時客人來訂席，主廚們需要出面解釋菜單內容，喜宴結束時也要禮貌性地跟客人換名片，阿慶都會緊張得「皮皮剉」，拿了對方的

名片說聲「謝謝」後，調頭就跑。

一向隱身幕後的阿慶心想，「再怎麼樣，也不會輪到我上台講課……」

沒想到學習發展部的同事果真通知阿慶，要他準備上台講課，他苦惱地頻頻搖頭，「我講不出來啦！」

「試試看嘛！」林惠蘭也出面鼓勵他。

阿慶忐忑了好幾天，等到課表排出來，差點暈倒，同一天上、下午各有一場，主題是「食材與環境衛生」。

事已至此，他只好上網查資料、在廚房現場拍照片，也先去各部門做民意調查，詢問同事們想聽什麼樣的內容，足足忙了大半個月。

正式上台那一天，林惠蘭先替他排練，規定他不能只盯著螢幕和看手稿，一定要面對觀眾。

「那我的眼睛要看哪裡？」阿慶不安地問。

「你就看最後面一排吧！」林惠蘭建議。

原訂四十分鐘的演講，阿慶淅瀝呼嚕一口氣二十分鐘就講完了，慌忙下了台。下午場講完，阿慶如釋重負，「真是惡夢一場，」他驚魂未定，擦著汗水，喃喃說道。

阿慶自認為講得很差，但是同事們卻記得很清楚，阿慶

很有條理地告訴大家，廚師們在廚房裡會穿很硬的鋼頭鞋，是為了避免滑倒或被重物砸到受傷；另外，菜刀鋒利的那一面務必要朝反手的方向位置橫放，才不會造成意外割傷等等，替大家紮紮實實地上了寶貴的一課。

打鴨子上架，喚起各人潛能

廚師們平常都在後場打仗，不習慣上台報告，現在把他們推到第一線，還要構思 PowerPoint 簡報檔，雖然，這一切都是「打鴨子上架」、被逼出來的，「竟然沒有一個臨場脫逃，實在是令人刮目相看，」林惠蘭也有些不可置信。

包括這群從來沒有拿過麥克風的主廚們在內，典華藉著學習給了同仁展現身手的舞台，從原本的害怕、排斥、反感，到後來一個帶一個，逐漸把他們內在的潛能喚起，勇敢走出個人的舒適圈，不但讓同事們彼此驚豔，也找到個人更大的成就感。

經過這一年的魔鬼訓練，典華一共培訓了十九位高階主管擔任種子講師、十六位中階主管擔任訓練員。第二年的教師節，典華特別舉辦了一場謝師宴，包括寶哥、阿政、阿慶等這些講師都被邀請參加，因為除了精湛的廚藝之外，他們

還有更厲害的祕密武器，是講台上「有料」的講師。

就像問當年剛出茅廬的Patty一樣，林齊國同樣很喜歡問同事們這句話，「從這件事當中，您學到了什麼？」

阿慶師傅想了幾秒鐘，露出靦腆的笑容說道，「連我自己都不敢相信，但我證明自己可以辦到。」他透露，現在面對客人不會再呆在那裡開不了口，比較懂得應對。

如果還有下一次的演講，他會拒絕嗎？

「我還是會緊張，但我會把演講內容準備得更豐富，」他捏著手上的廚師帽，不改憨厚的本性說。

全方位關照

神隱服務長
的祕訣

「客人就是我們的老師，」
服務長葉秀琴用這個經驗帶領年輕後輩，
時時刻刻以熱誠為第一優先，然後內化成為個人修養，
為典華塑造出真誠服務的企業文化。

　　九月以後的秋天，其實很少下雨，一直到十一月天氣逐漸轉冷前，是台灣氣候最穩定的季節。

　　不巧，這個週日傍晚，天空下著雨。

　　指針剛過六點整，典華服務長葉秀琴走到一樓大廳入口處，站在禮賓接待的櫃檯旁，依照慣例，她總是會在這個時候出現，招呼進進出出的客人，很多熟面孔看到她，都會停下來和她握手、點頭、微笑，或者寒暄幾句。

　　葉秀琴與學習長林齊國共事三十餘年，也親身參與典華所有的籌設過程，和林齊國是默契十足的戰友。典華內部訓練有一個特別的時段，叫作「婆婆媽媽時間」，就是由葉秀琴擔綱，因為她是典華第一線服務資歷最完整的人。

　　葉秀琴常與剛進典華的年輕後輩，分享一段二十年前的往事。

發自真心的微笑

　　當年她在安樂園擔任經理時，有一天，一位經常上門的熟客帶著妻子、兩個女兒來吃飯，這位客人做貿易生意，葉秀琴和幾位同事曾到他家做過外燴，算是相當熟識。

　　那位熟客很喜歡葉秀琴幫他們點餐，因為她的態度親切，總是笑臉迎人，服務口碑很好。那天點完餐之後，葉秀琴原本一張笑臉，一轉身就突然變臉走回櫃檯，原來是當天店裡有位同事沒把份內的事做好，惹得葉秀琴很不高興。

　　誰知，那位熟客悄悄走到她背後，輕拍她的肩膀說，「妳剛才那張臉就像是伸縮自如的『橡皮臉』喔！」

　　「您怎麼會知道？」葉秀琴心虛，嚇了一跳。

　　「妳以為不會被我發現，但我從側面就看出來了；而且，即使我沒發現，坐在兩旁及前面的客人也會看到啊！」客人回說。

　　這件事帶給她很大的警惕。從此以後，不管站在哪種服務場合，她都要求自己「微笑一定要從心底做起，而不是做表面功夫」，因為一個人是不是出自真心誠意的微笑，別人很容易就能察覺出來。

　　「客人就是我們的老師，」葉秀琴用這個經驗趁機提醒

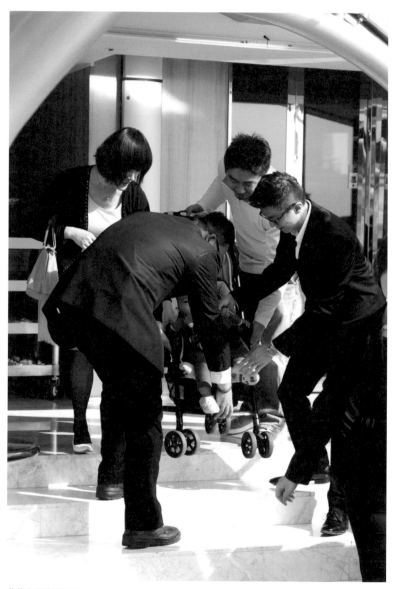

典華幸福機構提供

年輕後輩，工作上如果與同事發生紛爭或意見不合，即使心裡有任何不愉快，都要等到情緒冷靜下來再私下處理，面對客人時還是要拿出最好的服務態度，否則，在店裡爭吵一定會影響心情，客人就會看到服務員的臭臉。

後來，葉秀琴當上珍寶飯店的總經理。

「典華旗艦」館開幕後進行企業重整，期許自己的公司成為服務性團隊，葉秀琴便將自己的頭銜定為「服務長」，提醒自己要管理好情緒，時時刻刻以熱誠的服務為第一優先，並且對內服務同仁，進而影響同事用同樣的態度服務外部客人。久而久之，這個習慣逐漸內化為個人修養，典華的同事很少看她發脾氣大聲罵人，若真有事讓她生氣，她就獨自開車外出，吃吃東西、逛逛街，等情緒平復再回來。

用幼稚園的心態來做

葉秀琴從十六歲進入餐飲業，非常了解這個行業的生態，每天與各式各樣的客人打交道，看盡人生百態，也親身經歷過不少陣仗。

她的第一份工作是在台北市一家知名夜總會做服務員，月薪一千兩百元，當時很多大牌藝人常在那裡登台作秀，對

一個來自北部鄉下的女孩而言，每天可以看明星，還有薪水可拿，夜總會真是個有趣的大千世界。

四十年前，餐飲業有一個不成文的「潛規則」，服務員都是跟著主管跑場，主管在哪裡工作，服務員就跟到哪裡，有名主管決定帶著葉秀琴還有幾個服務員，一起跳槽到台灣第一家正統的港式酒樓「紅寶石」。在那個年代，港式酒樓在台灣掀起一陣熱潮，生意鼎盛，從一桌五千元的大排翅，到兩萬五千元的滿漢全席，都有人訂桌，服務員每天工作超過十四個小時，非常辛苦，但大家都很知足，很少抱怨。

後來葉秀琴轉入另一家廣東菜館「安樂園」，擔任貴賓廳的服務員。餐廳是三教九流匯集之處，包括政府要員、軍方將領、企業老闆等，很多都是她服務過的座上賓，也有「大哥」在店內出沒。

她們這些服務員也常跟著主廚到總統府、陽明山行館、首長官邸做外燴，事前情治單位都會做每個人的背景調查。

葉秀琴是在安樂園工作時認識林齊國的。這位從寮國來的難民在安樂園擔任「副總」，但他行事低調，很少講話，每天主要的工作是負責替股東看財務報表，但外場忙不過來的時候，他經常守在出菜口，幫忙服務員送菜，有時也幫廚

黃威穎、林雅英提供

經驗和歷練是兩件事
經驗是指在某個領域裡累積的年資
歷練則是指
面對危機處理或臨場應變的 EQ

房師傅到水池抓活魚、打雜，待人謙和有禮，一點都沒有副總高高在上的架勢。

一九九六年，典華幾位股東集資六千萬在蘆洲開設「珍寶飯店」，做廣式餐廳及婚宴，找葉秀琴一起投資。她一口答應，但自己沒那麼多錢，向親友借貸才湊足投資金額。

餐廳地點設在雜草叢生的新開發區，為了符合自己的理想，他們和地主合作興建了一棟三層樓的建築。沒有人看好林齊國，甚至放話潑冷水，「那六千萬不如丟到淡水河！」

當時林齊國希望由葉秀琴擔任總經理，她有點擔心自己的能力，萬一做不好害餐廳血本無歸，對不起這些親朋好友，「萬一虧本怎麼辦？」她不安地問。

「只要您珍惜每一分一毫，謹慎使用別人的錢，即使真的虧錢，我相信股東也不會怪您，」林齊國替她打氣。

就是因為這句話，葉秀琴一頭栽下去，兩人攜手合作一直到今天。

「您打算用什麼樣的心態來做？」當時，林齊國很鄭重

地問了她這句話。

「用幼稚園的心態來做，」葉秀琴回說。

果然，珍寶後來做得很成功，號稱是「蘆洲小君悅」，生意一路興旺，變成會生金雞蛋的金雞母。幸好，那六千萬沒有丟進淡水河，跌破很多副眼鏡。

從要求敬酒到幫忙擋酒

台灣早期的餐飲業有一個陋習，那就是如果同行或有些權勢的人來店裡用餐、請客，老闆不但要陪著一起吃飯喝酒，甚至要幫對方付錢買單。但認認真真做生意的林齊國和葉秀琴，對這種文化一直不認同。

那時候，曾經有位名人來店裡擺桌請客，態度十分傲慢，大聲嚷道，「叫你們主管出來敬酒！」

「我就是主管，對不起，我們店裡要求同事上班不能喝酒，」葉秀琴態度委婉解釋。

那名客人很不滿意，覺得珍寶很不給面子，隨手抓起桌上的酒杯就往牆上砸……。哐噹！立刻傳來玻璃的碎裂聲。

葉秀琴毫不動怒，又拿了新的酒杯給他，語氣和緩地說道，「如果您覺得不高興，我店裡這些杯子讓您砸，但是我

們真的不能喝酒。」

客人自知理虧，若再繼續胡鬧下去只是讓人笑話，悻悻然地吃完飯調頭走人。但葉秀琴的服務態度令他印象深刻，以後還是照常上門請朋友吃飯，而且都吃得很高檔，甚至主動幫忙擋酒，「他們規定上班不可以喝酒。」

先處理心情，再處理事情

雖然說，顧客永遠是對的，但顧客也有錯的時候，尤其是碰到故意找碴、鬧事的客人。那該怎麼應付？葉秀琴常說，「經驗」和「歷練」是兩件事，經驗是指在某個領域裡累積的年資，歷練則是指面對危機處理或臨場應變的EQ。

曾經有個往來廠商長期藉故來店裡掛帳白吃，那天林齊國不在，等葉秀琴發現這個廠商時，他已經吃了兩道菜。葉秀琴趕緊把其他菜停下來，請他先付錢。這名廠商又想要賴，吆喝道，「叫你們老闆來付錢啊！」

「為什麼是老闆付錢？」葉秀琴堅持要對方付錢，對方付了兩道菜的錢後便氣憤地走人。

其實，之前在別的餐廳服務時，葉秀琴遇過更誇張的狀況。曾經有個客人見她是女流之輩，以為很好欺負，白吃白

典藏幸福機構提供

喝後還大聲叫囂。

　　那時葉秀琴心裡掙扎了一下，決定嚇唬他，於是故作強硬地說道，「如果你不付錢，再想要賴，我就請裡面的廚師出來。我們有多少廚師，就有多少把刀，」話說完，還使了一個眼色吩咐旁邊的服務員，「請廚房裡的人準備！」

　　雖然他們心知肚明絕對不會讓這種場面發生，但是要改變錯誤的積習，有時還真得用些「創意」。

　　這一招似乎滿管用的。那人見狀，很不甘願地從口袋裡掏出兩千五百元，但故意把錢丟在地上，用腳惡狠狠地踩了幾下。事後聽說他去另一家餐廳也是白吃白喝，結果被人聯手修理了一頓。

　　「我就是膽子比別人大，」葉秀琴事後回想，在餐飲業工作多年的歷練，已摸索出一套兵來將擋、水來土掩的本領，非常擅於察言觀色，甚至借力使力來化解。除非危及個人安全，必須採取適當的自我保護措施，否則還是盡量尊重每一位客人。

　　類似這樣的現象，現在已經不曾聽聞，但是開餐廳難免碰到顧客抱怨，菜色不好、烹調不佳、服務人員動作太慢、冷氣不冷、隔壁桌聲音太大……，無奇不有。「先處理心情，

多聽、多學、多看
才能跟見過世面的大老闆或
精通美食的老饕對話

再處理事情，」這是服務長送給年輕人的一句金科玉律，先把客人的情緒安撫好了，接下來再處理事情就會順利得多。

樂於學習與自我投資

旁人觀察葉秀琴，即使處在快節奏的壓力之下，她的動作依舊十分優雅，一點都不躁進，「她的服務熱誠幾乎就是她身體裡血液的一部分，」企業教練林惠蘭對於葉秀琴的管理風格非常讚賞，「上台做簡報，台風相當穩健，而且勤於走動，身教大於言教。」

林惠蘭深入觀察，這名年過六十歲、已升格當「阿嬤」的服務長，雖然只有小學畢業，但舉手投足非常具有大將之風，並且直到現在還樂於學習。

典華人都知道，葉秀琴常自嘲是個「敗家女」，因為她賺來的錢大多拿去「吃喝玩樂」，不管什麼稀奇古怪的山珍海味，幾乎她都嘗過，只要聽說哪裡有好吃的、新鮮的、高檔的，下了班就帶著家人去光顧，甚至還把吃喝玩樂的戰線

服務長葉秀琴的「走動式管理」，讓她能充分掌握典華裡的大小事。

拉長到國外，吃遍了東南亞、香港、澳門，所有賺來的錢大部分就是這樣花掉的。

她當然不是真的敗家，而是自我投資，目的是想了解別人的服務、裝潢、菜式、食材、做法等，看同行是用什麼獨門法寶來吸引顧客。如此經年累月長期累積下來，養成她對飲食內容的掌握度非常精準，「她很會幫客人開菜單，也常把別家的菁華、特色帶回來，」行政總主廚寶哥豎起大拇指說。

葉秀琴毫不掩飾說，因為自己學歷低，各方面條件不如人，所以一定要更努力，到處多聽、多學、多看，尤其很多上門的客人都是見過世面的大老闆或精通美食的老饕，得要肚裡有料，才能跟這些客人「對話」。

廚師們的諸葛亮

「有很多菜式都是被服務長逼出來的，」寶哥不諱言，服務長在外面吃到一些費工耗時的菜色時，只要覺得口味不錯，回來就會要求廚房試做，甚至要廚房研發成三百桌同樣精緻的酒席。譬如典華有一道很受顧客歡迎的「地中海羊排」，就是由服務長發想而來，「很多潛能就是這樣被激發的，」寶哥笑說。

　　一般開餐廳的都說「廚師難搞」，但典華的主廚們個個都很服氣葉秀琴，由於服務長很懂得吃，廚師絕對不敢瞎唬攏。而且，一個行業做久了，難免流於形式化，廚師們整天窩在廚房裡，常常看不到外面發生的事，「她就像我們的雙眼，」三樓宴會廳總主廚阿政貼切地形容，服務長經常傳授他們一些絕招，是廚師們一致公認的「諸葛亮」。

　　主廚的「出菜秀」也是葉秀琴從外面帶進典華，廚師們起先很排斥，但葉秀琴親自下場，和影音工程部同仁研究燈光、挑選音樂，帶著服務人員與廚師一起拿著當時流行的火把、提著燈籠走隊形，連菜盤該怎麼拿、手勢該怎麼比，都一一示範，「你們的手勢不要像在殺頭，而是要由上而下劃成一個半圓形……」

　　有好幾年，典華的客人都指名宴會開席前一定要加一段主廚的出菜秀，大廚們看起來個個都很威風，變成吸睛的賣點，還有人稱他們為「廚神」。

眼觀四面，耳聽八方

　　葉秀琴的另一招「走動式管理」，也很有趣。她每天就像個「神隱阿嬤」，在典華大樓內上上下下到處走動，出奇

不意就會突然現身在某處，廚房冷凍櫃裡的食物沒密封好、宴會廳的天花板燈光壞了、窗簾掛歪了、服務人員分裝醬汁不小心溢出來……，任何大小細節都逃不過她的法眼。

　　走進三樓廚房，師傅們剛炒出來的菜、烤好的叉燒酥、蒸好的燒賣、攪拌好的鮮奶油，葉秀琴走過去，這個嘗一口、那個吃一點，太鹹、太辣、太甜、醬料放得不夠均勻，都會當場立刻要求調整；有時光憑肉眼觀察炒出來的食材顏色，她就能判斷廚師有沒有「到位」。轉上五樓廚房，葉秀琴才剛打開門，聞到一股濃濃的北港麻油味，她轉身說道：「嗯，今天的油飯一定非常好吃。」

　　直到今天，這名婆婆媽媽「眼觀四面、耳聽八方」的功夫，還沒有人能夠完全得其真傳。她在餐飲業工作了一輩子，從來沒有換過別的行業，她把全副青春都投注在這裡面，並且發揮得淋漓盡致。

　　「我是真心喜歡這個工作，」六樓的「花田盛事」廳內正在舉行婚宴，一對新人在離地約半公尺高的星光大道上緩

緩往前移動，葉秀琴貼著牆壁旁站著，眼光停在牆上播放的電腦動畫，看得津津有味，這種喜氣婚宴的場面她看了幾十年，但一點都不覺得乏味，依舊像是當年剛出社會時那個在夜總會愛看明星表演的青澀少女。

　　她對這個行業其實是有想法的。年輕的時候，她觀察一些資深的服務員，到了一定的年紀，體力變差了，就只能守在基層做勞力工作。她勉勵自己一定要培養全方位的能力，將來即使退休了，還可以開一家賣輕食料理的小餐館，既是過生活，也是享受個人樂趣。

　　指針已近晚上九點，廚房的菜幾乎已經全部出完，各樓層的宴會廳裡還是一片喧鬧的敬酒聲。葉秀琴挪動步伐往一樓大廳走去，一方面想去了解往後幾天的訂席情況，另一方面，九點以後客人陸續離場，她得去門口招呼著。

　　街道上，這場秋天的雨依舊淅瀝淅瀝地下著。

　　從雨夜裡觀看這棟典華婚禮大樓，反而有一種寧靜恬適的氣質，也很容易讓人聯想到那位站在門口禮賓接待櫃檯旁邊，態度總是從容不迫、氣質優雅的服務長。許多年輕後輩好奇她的祕訣到底是什麼，才能在這個行業裡歷久不墜，答案其實早已寫在她的笑容裡。

整合資源

拉高層次，
　管理系統化

擺開傳統餐飲業靠個人經驗來經營的傳統思維，
整合長林廣哲帶著理工人的邏輯思考加入，
為典華整合各種制度和系統，拉高企業的層次。

　　典華人其實多少都明白，整合長林廣哲的加入，是促使典華這兩年快速發生質變的原因之一。

　　典華這個企業很有趣，創造了很多新頭銜，有學習長、服務長，還有所謂的「整合長」。林廣哲每次外出遞名片，幾乎都會引起對方的好奇，有一次他上廣播節目，主持人劈頭第一句就是：「整合長是做什麼的？負責整合什麼？」

　　能夠引起別人的話題，他認為沒什麼不好，還能順水推舟幫典華增加知名度，他不厭其煩花費一番唇舌解釋：整合長要在典華負責人資、行銷、客服、市場開發和學習發展等，藉由整合各種資源，來建構一個高效率與高品質的學習型組織。

　　林廣哲是學習長林齊國的大兒子，英文名字叫作 Van，這個年輕人待人處事謙恭有禮，很有教養，十三歲那年跟著姊姊到加拿大多倫多念中學，然後到蒙特婁念大學，學的是

電機，畢業後曾到美國的美商國家儀器公司工作。

從理工轉向服務

很多年輕人嚮往能到跨國公司工作，擴展國際視野，Van也不例外，國家儀器在全球各地有四十多個據點，客戶散布五大洲。但Van離家十幾年，心裡很思念父母和家人，「到了晚上就會特別想家，」他坦承。

後來Van把握機會爭取派調回台灣，在台灣分公司工作三年後，想加入典華。學習長起初沒吭氣，沒有直接表示反對或贊成，而是提醒他好好想清楚，「不是每個人都有機會在美商公司服務，你在那邊受到高層主管的重視，未來發展的前途很不錯……」

Van很驚訝父親的反應竟然如此平淡，但姊姊禹妏決定回台灣時，父親確實也是抱著這種未置可否的心態。

雖然父親對子女一向不多說，對他們姊弟三人從小的管教方式都是開放教育，要他們自己去思考後再做決定。不過，Van總覺得，這麼大一件事，父親好歹也該表示一下「很欣慰兒女有這個想法」，因為他身邊認識的企業家第二代，幾乎都是半推半就或是心不甘情不願被逼回家族企業，

整合長林廣哲（左二）用他理工人的思維，將邏輯與效率帶進典華。

很少像他這樣主動提出。

　　Van大學念電機系，則是父親給他的建議。他原本想念管理，但父親認為「管理是從實務中舉一反三」，建議他不如念理工培養一門技術在身。Van接受父親的提議，進了加拿大的名校McGill，成績也保持得不錯，可是他逐漸察覺對電機沒有很大的熱情，懷疑畢業以後到底要做什麼，對未來有茫然的空虛感。當時，父親曾跟他說了一句話，「凡走過的，必留下痕跡。」

想做「不一樣的事」

　　Van在國家儀器公司當行銷工程師時，因為幫客戶介紹產品，發現自己喜歡跟人接觸，而且直接面對最終端的客戶，可以接收到第一手的回饋。「很難說我從什麼時候開始對服務業發生興趣，大概是從小耳濡目染吧，」他提起念高中的時候，每年放暑假從加拿大回台灣，都會到父親的餐廳打工，擔任一般基層服務員的工作，上菜、倒茶、清桌，樣樣都來，有時也幫忙廚房師傅包手捲，在上菜秀時手持火把，跟著主廚後面繞著宴會廳走隊形……

　　念大學的時候他就想過，以後要做「不一樣的事」，而

且要有影響力，幫助別人變得更好。「我不想跟著別人屁股後面，只是做 me too 的角色，」這個年輕人態度誠懇，語氣透露出期許與堅定。

他從整個大局分析，世界未來的經濟重心在亞洲，而台灣最有發展潛力的是服務業，典華就是非常具代表性的「整合型服務業」。這個產業過去沒有人重視，也沒有人想要發揚光大，如果能越早進入，就越有發揮的空間。

現今的時代是給專業經理人展現身手的時代，雖然在美商國家儀器工作很有潛力，但是他認為典華的舞台更大。就在兩頭一推一拉之間，Van 最後決定捨棄美商高薪的職位，二十九歲那年一腳踏入典華，從頭開始打基礎，不但薪水驟降了 45％，工作時間也跳脫一般朝九晚五的白領族，像全天候不打烊的 7-11。

像偵探般四處查訪

Van 最大的優勢之一，就是有一顆工程師的腦袋，他把過去在外商注重邏輯與講究效率的訓練，帶進這家本土的公司，以「系統化、量化」的管理，調整企業體質。

經營婚姻產業不能缺乏感性，典華不論管理內部或服務

不要因為工作久了
把一些現象認為理所當然
疏忽去想如何落實和改進

客人，也一向注重感性。但是 Van 知道，服務要穩定、企業
要發展，一定要導入某個程度的標準化作業流程，平衡感性
與理性。

典華人都察覺到，Van 求好心切，而且是個積極的行動
派。他就像隨身帶著高倍顯微鏡的偵探，每天四處查訪，深
入觀察各部門的運作細節。

精確的客戶詢問模擬

舉個例子來說，他曾針對「客戶詢問」做了精確的模擬
分析。一般走進典華大門的客人包括三種：一、實際來消費
的客人；二、客人帶來的客人；三、合作廠商。他請一樓負
責禮賓接待的同事列舉出客戶進門後常詢問的二十個問題，
包括「有沒有提供愛心傘」、「大樓內有沒有提款機」、「附
近有沒有加油站、便利超商」等。

大多數的喜慶宴會都集中在週末假日，一天之內最多會
有上萬名客人在典華大樓進進出出，為了避免同仁一直重複

每個人在企業內部的價值
取決於個人解決問題的能力

找同樣的資訊，他請禮賓部同事把這些問題整理出來，放在工作檯上，並把附近的超商、郵局、銀行、便利商店、速食店等一一標示出來，只要有人來詢問，就能立刻解答疑惑。

Van並要求禮賓接待同仁每隔兩個月做一次「SOP大掃除」，定期更新內容，以免有客戶抱怨，「隔壁的便利超商都搬家了，怎麼你們的資料還是舊的？」

規模越大，越要系統化

考慮到約有百分之十的客人是開車從停車場進典華，有一次，Van和停車場的外包保全人員閒聊，他拋出一個問題，「如果停車場爆滿，後面還有一長列的客人在等車位，當有人抱怨、不耐煩、發生爭執，該怎麼辦？」

「就跟他吵啊！如果他很兇，我就比他更兇！」那名保全一時沒多想，回答得理直氣壯。

Van當場傻眼，但他沒有責怪那名保全，反而在心裡升起一個巨大的問號，「這樣倒楣的到底是誰？是客戶還是典

華？」結論是，雙輸。

「企業的規模越大，組織越需要系統化，」Van解釋，當企業規模還小的時候，老闆可以身兼數職，從小事管到大事；一旦企業變大，很多細節老闆已經管不到，或者根本無力管，這時候就要用制度和系統來管。

以往餐飲業都靠個人經驗和資源做服務，在現代企業中這已經不夠，一定要拉高層次，「我們要 Work Hard，更要 Work Smart。」

領先者最怕自滿

在每一次的內部會議，他這位資歷只有兩年的整合長總是不斷和比他資深的各部門主管分享，典華是這個行業的龍頭，是他們引以為傲的一點，「不過，我們雖然領先其他競爭者，但一旦達到了某個高度，最怕變得自滿，認為過去累積的經驗一直是對的，就會開始變得自以為是，」他常常如此提醒自己。

整合長推行改革的動作一項接一項，每個月都有一堆的教育訓練課程。企業教練林惠蘭觀察，Van個性主動而且懷抱熱情，對問題喜歡追根究柢，不容許打馬虎眼。譬如，

當有同事提出計畫執行困難，他會深入追問「那是什麼原因？」、「我們做了哪些嘗試或用了哪些方法？」他的態度不會咄咄逼人，但會督促對方更深入思考，甚至幫助對方排除障礙找到解決途徑。

凡走過的，必留下痕跡

學習長跟Van說對了一件事，「凡走過的，必留下痕跡」。Van全力推動改革的理念和念電機的背景絕對有關，他考慮事情幾乎都是從系統結構下手，注重執行方法與成效，堅持很多事必須做到「釜底抽薪」。

譬如，要辦公室同仁養成節能減碳、隨手關燈關冷氣的習慣。經過觀察他發現不是同仁習慣不好，而是大家不知道自己是最後一個離開辦公室，所以才沒有關燈。Van就想到一個方法，藉由每位同事上、下班都得打卡，早上打完卡之後，每個人都把出勤卡集中擺在卡鐘的右側，下班打完卡之後就放到左側，如此即可很容易辨別誰還留在辦公室，由那位最後離開的同事負責關燈。如此不花一毛錢，便輕易解決了問題。

Van每天都在動腦筋，構思解決方案。他常告訴同事，

每個人在企業內部的價值，取決於解決問題的能力，更不要因為在一個地方工作久了就墨守成規，把一些現象認為理所當然，疏忽了去想如何落實和改進。

爬、走、跑、跳

有一次，Van主動向林惠蘭提出，想在典華推出「關鍵績效指標」（Key Performance Index，KPI）。KPI的管理精髓強調：企業要在有限的資源下尋求「重要」且「有效」的目標優先改善，並將這些資源發揮到最大的產值與效果。這種管理方法在一般製造業與科技業常見，但結婚產業幾乎沒聽說有人用過。

「你真的想推？」林惠蘭半信半疑地問他。

「是，」Van回答得很篤定。

「那你就要爭取到全部主管的支持才行，」林惠蘭刻意提醒他。

於是，他們從中國生產力中心請了一位專家來上課，花了四、五個月從主管先教起，指導他們怎麼看案例、給表格、訂目標……，一路從基礎概念講到實務操作。不過，Van這次踢到鐵板，KPI計劃並不如預期成功，很多同仁反

應跟不上進度，授課老師的標準又很嚴苛，覺得上課很痛苦、很有挫折感，使得KPI計劃嘎然而止。

「我太急了，」Van事後檢討，自己忽略了企業轉型需要經過「爬」、「走」的適應階段，而不是直接跨越到「跑」、「跳」，這是強人所難，對大家都是很劇烈的衝擊。

自行摸索的企業第二代

Van以企業家第二代的身分進入典華工作，不過父親卻沒有給他個別指導或特殊待遇。他曾想動手寫一本書，談企業第二代的情結。他有許多企業第二代的朋友，發現他們絕大多數都過得很痛苦，因為上一代總是插手管得太多，大小事都要向老一輩請示，完全沒有發揮的空間。

Van正好相反，父親幾乎從來不過問他的事，不論好壞都放手讓他去做、去摸索。事實上，他們父子即使身在同一間辦公室裡，也很少講話，「我有時懷疑他好像並不關心我、不太在乎我，」Van開玩笑地說。

父親越是放手，他越是戰戰兢兢，深怕一不小心讓典華出了大錯。

「他不僅是父親，也是榜樣，」Van坦承。父親已打下

的這片江山，做兒子的要超越這些成就實在不容易，但他責無旁貸，有朝一日必定得扛起更大的責任，帶領典華邁向新里程。

台語有句俗諺：「生意仔，歹生。」意思是說，做生意多少要有一些與生俱來的天分。很多第一代企業家靠著天生的敏銳度做生意，不必依賴一大堆的市場分析和數據報告，就可以憑經驗和直覺下判斷。

林齊國做的幾次重大投資決策，譬如在蘆洲開設珍寶飯店以及窮畢生積蓄投資興建的「典華幸福大樓」，都曾被人唱衰，但事後證明他都做得很成功。別人覺得是高風險，但林齊國就是有這種自信。

推動企業E化

不過，帶著更完整的教育訓練、掌握新科技的能力，第二代生力軍當然也有自己的長處。

譬如，他在典華推動的E化運動，就很成功。短短不到一年，他在內部建立了完整的企業雲端系統，很多二十年資歷的同仁也開始學習E化。有天，行政總主廚寶哥跑到他的辦公室，要求幫忙設定電子郵件信箱，Van買一送一，順便

典華幸福機構提供

教寶哥使用雲端的日曆功能。「這樣寶哥就不會忘記每天要開什麼會議了，」Van拍拍他的肩膀。

「嗯，這樣的確方便很多，」寶哥點頭回應。

第二天早上，Van才剛上班不久，寶哥一看到他，遠遠指著他笑罵，「你害死我了！」

Van一頭霧水，不知道發生什麼事。

原來，他們前一天替寶哥測試雲端日曆功能時，忘了把裡面的模擬行程刪除，寶哥隔天一早收到系統通知他去開會，慌慌張張地衝進會議室，看到學習長已經坐在裡面接待貴賓，兩人十分詫異地對看一眼。

「咦，不是要開會嗎？」寶哥問道。

「您是不是跑錯地方了？沒有要開會啊，」學習長回答說。

寶哥當場很窘地抓抓腦袋，趕忙退出會議室。

期望因為自己讓典華更好

Van講起這件趣事，其實心裡很樂，因為這表示E化真的開始發酵了。這一天是秋日下午，陽光斜斜地穿透了一樓大廳的落地玻璃，正巧映照在大理石地板上典華的拼花

logo，這位年輕人的臉上也投射出一道溫暖的光彩。

　　每當被人問起是否有朝一日承接父業，身為長子，整合長林廣哲總是客氣地回說，「公司的人才很多，要看我到底有沒有那樣的能力……」

　　就像他常告訴同事的一句話，每個人在企業內部的價值，取決於個人解決問題的能力，「我衷心希望，這個地方因為有我而變得更好，」他同樣用這句話檢視自己。

我也在學

王梅

八月初一個盛夏的清晨,空氣中有一股悶熱的溫度。

早上剛過六點,我隨著典華的行政總主廚寶哥、行政副總主廚阿慶以及特別助理 Irene,穿梭在台北市萬華區的中央市場與環南果菜市場。這裡是全台北市最大的魚肉蔬果集散中心,寶哥和阿慶時常會來市場裡尋寶,察看是否有新的食材上市,或者有哪些新鮮的魚貨,隨時可以放進典華的菜單裡。

人聲、車聲、喇叭聲充斥整個市場,到處地濕路滑,魚販和菜販們腳底踩著防滑膠鞋,我們擠在進貨、買貨的人群中,繞過一攤又一攤,寶哥、阿慶像兩個認真辦案的警探,張大眼睛四處搜尋獵物。

那天的收穫不多,沒有什麼新奇的發現,寶哥和阿慶幾乎空手而返,但他們對喜宴的菜單胸有成竹,因為他們已研發出不少新的菜式。那一天,讓我見識到要做好婚宴料理,必須不斷地求變求新,尤其寶哥、阿慶與和典華的師傅群,動輒要處理上千桌的酒席,在婚宴這一行具有絕對的指標

性。

　　憑良心說，以我年過四十歲「歐巴桑」的年齡，距離結婚產業彷彿已經有點遙遠，雖然偶爾參加過幾場婚宴，但並沒有引起我太大的關注。不過，在這次採訪撰寫典華這本書的過程中，卻讓我處處驚豔。

　　最讓我驚訝的是，這十年來由於典華集團積極轉型，把這個傳統產業徹底改頭換面，產生了非常良性的示範。在典華學習長林齊國的帶動下，他們幾乎在各方面都領先同業，比別人看得更遠、用心更深。典華，不僅把婚宴做得更精緻，並且更優質。

　　典華人常引以為傲並用來自我警惕的一句話，「典華可以被拷貝，但是不能被超越」。連續好幾個月，我在這棟婚禮大樓裡進進出出，隨時隨地都能看到一群典華人，神色專注地埋頭做事，他們很在意一些細節小事，譬如人員的進出動線、廚房的出菜流程；但他們更不忘展現大度大器，把婚宴的禮堂設計、聲光效果，布置得富麗堂皇。

　　有一次，我和企業教練林惠蘭老師訪談，她提到一句話讓我深有同感，「他們（典華）好像很怕輸，不願落於人後。」不分白天黑夜，每當我走進這棟典華婚禮大樓，都能

感受到一股旺盛的企圖心，在每一個角落裡流竄。

　　我也領受了典華人學習的熱度。每週、每月固定的教育訓練課程，即便是廚房作業，他們也建立了 SOP 流程，令人嘆為觀止。

　　除了建構制度化，導入現代企業管理的運作模式，典華不忘服務業「以人為本」的精神。服務業是站在第一線「人與人的接觸」，一旦提供的服務讓客戶感動，甚至超過客戶預期，就等於徹底「收買」了他們的心。

　　我一邊在撰寫〈婚禮企劃〉那一章，一邊想像著筆下那場為身障新人量身訂做的國際輪標舞婚禮，雖然沒有親眼目睹，居然也感動莫名。

　　我在採訪的過程中，邊做邊學。

　　今年暑假期間正巧看了一部電影《實習大叔》（The Internship），兩名年過四十、原本從事手錶銷售的歐吉桑，因為這個傳統行業逐漸沒落而丟了飯碗，決心「以年輕人為師」，跑到 Google 去當實習生。

　　這兩位大叔混在一群二十啷噹歲的年輕人中，被嘲笑、看扁、唱衰，頻頻凸槌，狀況百出，鬧了不少笑話，雖然缺少對 IT 產業的知識和技巧，但他們虛心學習，更不忘展現

對顧客的關懷與真誠，最後順利拿到一筆最大的訂單。

我也學到了，任何行業只要出自對「人」的真心誠意，每天都有感動人的故事發生。在典華，這種催淚的劇情，幾乎天天上演。

2013 年秋末

附錄

年表
婚訂禮俗

年表

1951.01.27	● 林齊國出生於香港元朗。
1969.09	● 首次來到台灣。就讀高雄工專印刷科。
1971	● 返回寮國，擔任印刷廠廠長。
1975	● 寮國淪陷，一家人從此落腳台灣。
1980.03.29	● 與符玉鸞結婚。 ● 應父親舊識請託，進入安樂園餐廳協助管理帳務。
1992	● 受林協建邀請，展開自己的餐飲事業，台北「陶園經典飯店」開幕。
1996	● 首度跨足台北縣，台北「珍寶飯店」開幕（2005年統一名稱為「蘆洲典華」）。
1997	● 在士林開第二間店，台北「僑園飯店」開幕。
1999	● 安樂園改名為台北豪園飯店。
2000	● 首度展店到台中市，台中「僑園大飯店」開幕。
2002	● 期許自己能夠帶領企業學習，林齊國捨棄董事長頭銜，改稱學習長。
2004.11.01	●「典華」品牌問世，「信義典華」館開幕。 ● 在台灣首創婚禮體驗日，以實境模擬的方式讓消費者了解在典華舉辦婚禮的模式。

2006.03.29	● 整合所有婚禮企劃資源，成立婚訂愛（Wedding i）資源整合股份有限公司。
08.12	● 首創婚禮攝影展。透過婚禮當天拍攝的照片，讓新人回味婚禮的美好。
11.25	●「板橋典華」館開幕。
2008.11.1	●「典華旗艦」館開始營運。
	● 台中「中僑婚訂花園」開幕。
2009	● 自創婚紗品牌「VERA 婚紗」，一站式婚禮服務趨於完整。
2010.06.30	● 因建物易主，「信義典華」館結束營業。
07.05	● Lin Hotel 動土。
2012.03.29	● 統整典華四大品牌（典華喜宴、VERA 婚紗、Cakery 喜餅、Wedding i 婚顧），「典華幸福機構」正式成立。
11.18	●「新莊典華」館動土。
2013.01.19	● 第一次開啟將幸福量化之「幸福時空膠囊」。
01.23	●「幸福時空膠囊」正式獲得專利。
06.30	● 因地主重新開發，「蘆洲典華」館結束營業。
2014 秋（預計）	● 台中「Lin Hotel」、「新莊典華」館正式營運。

婚訂禮俗

◯◯ 婚姻六禮

周朝時制定的婚禮「六禮」，幾千年來成為國人結婚時遵行的法則，雖然隨著時代變遷，六禮中不少繁文縟節都被省略，不過老祖宗對婚姻的重視，還是可從中窺知一二。

一、**納采**：俗稱議婚或說媒，請媒人到女方家說媒，了解女方的心意，探詢這門親事有無成功的希望。媒人到女方家提親時，通常會以活雁作禮，象徵忠貞不二。

二、**問名**：即「合八字」，先由媒人送女方的八字庚帖到男方家中，上面寫著女方的出生年、月、日、時，男方必須放在祖先案上觀察幾天，如果家中這幾天平安無事，再將男方的八字送到女方家。女方接受男方八字之後三天內，每天早晚要在家中神佛前燒香拜拜。在這幾日內，男女雙方家中，如無發生遭偷盜、物品毀壞或家人生病等不祥之事，婚事才算說成。

三、**納吉**：又稱小定或文定，也就是訂婚。問名之後如果卜得吉兆，男方即可請媒人到女方家致贈禮物，並通知女

典華幸福機構提供

方決定這門婚事，同時男方選定吉日到女方家，送給新娘一枚金戒指。

四、納徵：俗稱大聘或完聘，男方選定吉日到女方家中舉行訂婚大禮。納徵通常在婚禮前的十日至一個月內進行，除了準備聘金外，還要有六件或十二件禮，聘禮名稱都有吉祥的涵義，數量為雙數，取成雙成對之意。

五、請期：俗稱擇日，把新人的八字寫在紅紙上，請擇日師擇定黃道吉日，由男方選定婚期大喜之日，並交由媒人徵求女方家的同意。

六、迎親：正式舉行婚禮。

典華幸福機構提供

◉ 訂婚儀式與禮品

◆訂婚儀式

一、出發：男方同去女方家的人數以六、十二人皆可，禮車數以雙數為佳。

二、受聘：由挑禮者將聘禮搬下車，女方接受聘禮後給挑禮者紅包，由女方將聘禮供奉於祖先案前進行祭拜，請一位有福氣的長輩或舅父點燭燃香，此時應給紅包，由女方主婚人及準新娘、準新郎祭拜、祈福。祭拜祖先的香

炷只能插一次，不得以歪斜或不妥而重插第二次，否則有「重婚」之意。

三、**奉茶**：準新娘由一位福氣高的婦人或媒人牽引、陪同，奉茶給男方親友。

四、**壓茶甌**：甜茶飲畢，準新娘捧茶盤收杯子，男方此時每位親友應各將紅包和杯子一起放在茶盤上。

五、**戴戒指**：準新娘坐在大廳中，腳放在小凳子上面朝外（若招贅面朝內），由準新郎將繫有紅線的婚戒套在準新娘的右手中指，再由準新娘為準新郎套婚戒於左手中指。戴

典華幸福機構提供

戒指時長輩會叮嚀將手指故意彎曲，取其以免被吃定之意。

六、**見面禮**：男方媽媽先為準新娘戴金項鍊及耳環、手環等，女方媽媽再為準新郎戴金項鍊。

七、**奉雞腿**：女方準備紮紅紙雞腿及紅包，由準新娘送給男方幼輩。

八、**禮成**：儀式完成後，女方應燃放鞭炮以示慶賀。

九、**入席**：女方設席款待男方親友、媒人，酒席完畢後男方應將酒席禮（壓桌錢紅包）交給女方。

十、**尾聲**：酒席結束後，男方應盡速離去不宜久留，切記不可道再見。

◆男方備禮

一、**聘金**：可分為小聘與大聘兩種。

小聘：送給女方添嫁妝及買回送男方的禮物。金額要雙數，以紅紙包紮好，不顯示數目贈給女方。

大聘：大都是讓男方「做面子」的，在訂婚儀式時擺給女方親友看，女方在訂婚後原封不動退回給男方。

二、**聘禮**：傳統上可分為六件禮或十二件禮。

六件禮如下：

1.大餅：中式漢餅，以感謝女方家長養育之恩，並用以分贈親朋好友，表示女兒即將出嫁。

2.禮餅：西式禮餅。

3.米香餅：中式小餅，取米香台語諧音「吃米香嫁好尪」，意欲吃了男方的餅，等於嫁了好老公。

以上囍餅多由男方提供禮餅代金，女方決定數量後代訂，並回六～十二盒。

4.禮燭、禮炮、禮香：成對的龍鳳喜燭、鞭炮、排香和祖紙，比喻敬神祈福，平安幸福。

5.糖仔路、福圓：糖仔路指的是萬字糖和八字糖，取團圓、美滿之意；福圓就是龍眼乾，代表新郎的眼睛，女方只能偷兩顆給新娘吃而不能收下，意喻看住新郎的眼睛，讓他以後不再看其他的女孩子。福圓也有圓滿、多子多孫之意。

6.金飾、衣飾、布料：金飾是整套的項鍊、耳環和戒指；衣飾是從頭到腳的衣服、裙子、皮包、皮鞋等，都由男方母親挑選準備，當作給媳婦的見面禮。布料是給新娘做新衣，通常以紅色為主。

典華幸福機構提供

更隆重的可增加到十二禮：

7.四色糖：冬瓜糖、桔糖、冰糖和金棗，象徵新人甜甜蜜蜜、白頭偕老。

8.豬肉：全豬、半豬或一條豬腿都可以，女方會將豬肉切開，送給參加訂婚儀式的女方親友。

9.閹雞、鴨母：取婚姻永固之意。

10.鮮魚生雞：各六隻，象徵年年有餘、朝氣蓬勃。

11.好酒：兩打好酒，讓女方敬拜祖先，也象徵全年二十四個節氣中都平安順遂。

12.麵線：象徵白頭偕老、美滿姻緣一線牽，同時有延年益壽、福澤綿長之意。

現代聘禮的準備已較寬鬆，大餅、禮餅及米香餅常被合併為六禮中的一項，中式、西式不拘，只要有喜餅即可。有些人則是以現金取代喜餅，雙方先說好買喜餅所需的金額，由男方包現金給女方。

禮燭、禮炮、禮香保留原狀。

糖果有甜蜜幸福之意，是聘禮中的重要角色，不過不限糖仔路、福圓、冬瓜糖、桔糖、冰糖等，金棗、巧克力糖、軟糖等新潮糖類也常被當作聘禮。

金飾及衣飾原本都由準婆婆打理，不過現在通常請準新娘一起去選購，避免買到新人不喜歡的款式。在飾品上也不如從前堅持用黃金，白Ｋ金、鑽石或其他寶石類都可以；而由於訂做衣服已經不像過去那麼普遍，現在通常已不送布料當聘禮。

豬肉大多以火腿代替。

有些新人全部捨去傳統的聘禮項目，改以實用物品替代，例如小家電、衣服、鞋子等，甚至有人為了湊足六樣聘禮，只以紅色空盒充數。

三、喝茶禮：給準新娘之紅包（數量依接受奉茶者人數為主）。

四、謝宴禮：即壓桌禮，依男方出席桌數而定，於訂婚宴前由媒人代為轉交女方。

典華幸福機構提供

◆女方備禮

　　一、二金：準新郎之項鍊、戒指。

　　二、**男方頭尾**：贈予準新

郎衣物六件或十二件，象徵錦

衣玉食，富貴吉祥。

典華幸福機構提供

　　以上兩項含四樣回禮則為基本六禮，可將男方準備之大、小餅、四色糖退回部分。

　　三、十二禮（含以上六禮）：

　　1.木炭（代表延續、傳承）。

　　2.麥和穀（代表衣食無缺）。

　　3.黑砂糖（甜甜嘴，討人喜歡）。

　　4.緣錢、鉛粉（與婆家結緣）。

　　5.肚圍（有鴻圖大展之意）。

　　6.蓮蕉花、芋葉（表示多子多孫）。

⊕ 結婚儀式與禮品

◆結婚儀式

　　一、**祭祖**：男方出門迎娶之前，應先祭拜祖先。

　　二、**迎親**：迎親車隊要以雙數禮車為佳，尤以六的倍數最好，每車人數均為偶數。

三、燃炮：出發時應燃炮；車隊到達前，伴郎先行下車燃放小鞭炮（告知女方，男方已到達）。

四、請新郎：禮車到達女方家時，需要一位女方男童端有兩顆綁紅紙帶的橘子（象徵吉利）或蘋果（象徵平安）的茶盤請新郎下車，此時新郎要給男童紅包。

典華幸福機構提供

五、懸米篩拖竹掃：禮車抵達新娘家後，加掛太極、八卦米篩以驅逐不祥之物，禮車上方掛連根帶葉青竹或甘蔗、豬肉與紅包以避邪。

六、討喜：新郎將捧花送給新娘，此時新娘之閨中好友要故意阻擾，姊妹們得向新郎討喜要求紅包。

七、辭祖拜別：新娘由媒人挽出大廳，再由新娘父親或長輩燃香，新人上香先拜神明再拜祖先，接著拜別父母。新人跪於面前（新娘跪於父親面前）行禮，新娘父親幫新娘蓋上頭紗，母親將扇子交至新娘手中。

八、出閣：新娘由一位福氣高的女性長輩持米篩或黑傘護入禮車。

九、告別：當所有人離開女方家時，絕不可向女方家人說再見，新娘上禮車後也不可說再見。

十、潑水：新娘上禮車後，新娘父母要將一碗清水、

稻穀及白米潑向車前。代表嫁出去的女兒如同潑出去的水，日後不可以一碰到問題動不動就跑回娘家訴苦。

十一、擲扇：禮車啟動後，新娘要將扇子丟向車窗外，象徵留善娘家。

十二、迎娶：迎娶隊伍應以「竹掃」為先，即青竹連根帶葉端繫五花生豬肉一片，取意防「邪神白虎」。

十三、拜轎：禮車抵達男方家後，媒人要先進廳門邊丟鉛粉邊唱到「人未到，緣先到，進大廳，得人緣」，再由另一男童持橘盤迎新娘，新娘要輕摸一下橘，並給紅包答禮；此橘要放到晚上由新娘親自剝，意謂可帶來長壽。

十四、遮米篩：新娘要由福氣高的女性長輩持米篩或黑傘遮在新娘頭上進入大廳，取以防邪氣近身之意。

典華幸福機構提供

十五、忌踩門檻、過火盆、踩瓦片：新娘進門忌踩門檻，門檻代表門面，所以新人絕不可踩，應橫跨過去。過火盆喻去邪，踩碎瓦片喻過去時光如瓦之碎。

十六、拜堂：新人先拜祖先，再拜高堂，夫妻鞠躬交拜，禮成。

十七、敬茶：以敬茶之儀式，介紹男方家中長輩給新

娘認識，表示新娘成為家中的一員。

十八、進洞房：婚禮當天忌坐新床，尤其是新娘。米篩覆在床上，桌上放銅鏡壓驚，新人並肩坐在預先墊有新郎長褲的長椅上，象徵夫妻一體，有財有庫。媒人盛一碗豬心，餵新郎新娘吃，象徵夫妻同心；再餵新人吃湯圓，象徵甜蜜圓滿。男方肖龍男童於新床上翻滾，媒人唸「翻落舖，生查埔；翻過來，生秀才；翻過去，生進士」。

十九、觀禮、喜宴、送客：結婚儀式可採中西合併，一般設宴均於晚上，喜宴完畢後新人要端喜糖送客。

典華幸福機構提供

二十、吃茶、鬧洞房：由男方親友留下來喝新娘的甜茶，說吉祥話，並鬧洞房增添喜氣，人數以雙數為佳。

◆男方備品

一、門口懸掛八仙彩。

二、客廳備茶水、甜湯圓、甜點或水果。

三、接嫁人員喜花（別於左胸）。

四、禮俗品：

　　1.火爐（於禮車返回前燃起）。

　　2.瓦片。

3.長炮兩串（送、迎禮車）。

4.貼新房鏡紅紙。

5.椅子一對（無扶手，並置於新房內）。

6.新郎長褲＋銅幣（置於椅子上）。

7.米篩或黑傘。

8.兩顆綁紅紙帶的橘子或蘋果（含茶盤）。

五、祭祖用品。

六、相關人員紅包。

七、新娘捧花。

八、車彩及囍字（貼於禮車、家中鏡子及新家具上）。

◆女方備品

一、門口懸掛八仙彩。

二、客廳備茶水、甜湯圓、甜點或水果。

三、陪嫁人員喜花（別於右胸）。

四、姐妹桌（六至十二道菜）。

五、禮俗品：

1.帶路雞一對。

2.甘蔗一對（或甘蔗、青竹各一）＋生豬肉。

3.米糕一盆（象徵甜蜜）。

4.鉛粉一包（緣粉，可由媒人於新娘入門前，灑
於男方大廳內，人未到緣先到）。

5. 合扇一對。

6. 長炮兩串（迎、送禮車）。

7. 兩顆綁紅紙帶的橘子或蘋果（含茶盤）。

六、十樣禮（如無歸寧宴則可省略）：

1. 五穀子：黑麻、黑豆、黃豆、大麥、稻穗、菜花子（生育繁衍、瓜瓞緜緜）。

2. 生鐵（生子）、木炭（繁衍之意）、蓮蕉（連生貴子）、芋頭（育子育孫）。

七、祭祖用品。

八、相關人員紅包。

典華幸福機構提供

工作生活 WL014

打造六心級的幸福
典華的原創轉型策略

作者 — 王梅
主編 — 李桂芬
責任編輯 — 李美貞（特約）
封面設計 — 張議文
內頁設計 — 符思佳
攝影 — 林衍億

出版者 — 遠見天下文化出版股份有限公司
創辦人 — 高希均、王力行
遠見‧天下文化‧事業群 董事長 — 高希均
事業群發行人／CEO — 王力行
出版事業部總編輯 — 許耀雲
版權部經理 — 張紫蘭
法律顧問 — 理律法律事務所陳長文律師 著作權顧問 — 魏啟翔律師
社 址 — 台北市 104 松江路 93 巷 1 號 2 樓
讀者服務專線 —（02）2662-0012
傳 真 —（02）2662-0007；2662-0009
電子信箱 — cwpc@cwgv.com.tw
直接郵撥帳號 — 1326703-6 號 遠見天下文化出版股份有限公司

電腦排版‧製版廠 — 立全電腦印前排版有限公司
印刷廠 — 立龍藝術印刷股份有限公司
裝訂廠 — 晨捷印製股份有限公司
登記證 — 局版台業字第 2517 號
總經銷 — 大和書報圖書股份有限公司 電話／（02）8990-2588
出版日期 — 2013 年 11 月 29 日第一版第 1 次印行
定價 — NT$330
ISBN：978-986-320-327-8
書號 — WL014

國家圖書館出版品預行編目(CIP)資料

打造六心級的幸福：典華的原創轉型策略 /
王梅作. -- 第一版. -- 臺北市：遠見天下文化,
2013.11
面； 公分. -- (工作生活；WL014)
ISBN 978-986-320-327-8(平裝)

1.宴會 2.餐飲業管理

483.8 102022519

Believing in Reading

相信閱讀